装备科技译著出版基金

安全系统中的多模态生物特征识别与智能图像处理

Multimodal Biometrics and Intelligent Image Processing for Security Systems

[俄罗斯]玛丽娜·L·加夫里洛娃
[孟加拉]玛若夫·莫沃　　　　著
郑　毅　郑　苹　　译
郭培芝　审校

国防工业出版社

·北京·

著作权合同登记　图字:军 – 2014 – 215 号

图书在版编目（CIP）数据

安全系统中的多模态生物特征识别与智能图像处理/
（俄罗斯）玛丽娜·L·加夫里洛娃
（Marina L Gavrilova），（孟加拉）玛若夫·莫沃
（Maruf Monwar）著；郑毅，郑苹译．—北京：国防工
业出版社，2016.9
书名原文：Multimodal Biometrics and
Intelligent Image Processing for Security Systems
ISBN 978 – 7 – 118 – 10731 – 9

Ⅰ．①安… Ⅱ．①玛… ②玛… ③郑… ④郑… Ⅲ．
①特征识别—研究 ②计算机应用—图像处理 Ⅳ．①O438
②TP391.41

中国版本图书馆 CIP 数据核字（2016）第 214607 号

※

国防工业出版社 出版发行

（北京市海淀区紫竹院南路 23 号　邮政编码 100048）
北京嘉恒彩色印刷有限责任公司
新华书店经售
*
开本 710×1000　1/16　印张 12　字数 219 千字
2016 年 9 月第 1 版第 1 次印刷　印数 1—3000 册　定价 54.00 元

（本书如有印装错误,我社负责调换）

国防书店：(010)88540777　　　发行邮购：(010)88540776
发行传真：(010)88540755　　　发行业务：(010)88540717

作者简介

Marina L. Gavrilova

Marina L. Gavrilova 教授是加拿大卡尔加里大学计算机科学系的副主任。Gavrilova 博士的研究兴趣在计算几何、图像处理、优化、空间与生物特征建模领域。Gavrilova 教授是两个创新研究实验室(生物特征建模与仿真技术实验室和计算科学中的空间分析 SPARCS 实验室)的创始人和联合主任。Gavrilova 教授的出版物列表包括 120 多篇期刊与会议论文,编辑的特刊、图书和图书章节包括 2007 年在世界科学出版社出版的月畅销书《图像模式识别:生物特征识别中的合成与分析》,以及在施普林格出版社出版的《计算智能:基于几何的方法》。2001 年,Gavrilova 教授与 Kenneth Tan 博士一起成功地创办了 ICCSA 系列国际会议。她创办并主持了多届 2000 年计算几何及应用国际研讨会,曾任卡尔加里 BT2004 生物特征识别技术国际研讨会的共同主席,2006 年担任第 3 届科学与工程中的 Voronoi 图国际研讨会(ISVD2006)的总主席,2009 年担任在加拿大班夫举办的 WADS2009 会议的组织主席,2011 年担任 CW2011 网络世界国际会议(2011 年 10 月 4 日—6 日,在加拿大班夫举办)的大会主席。Gavrilova 教授从 2007 年起,担任施普林格出版社《LNCS 计算科学学报》主编,并且是《国际计算科学与工程杂志》、《CAD/CAM 杂志》和《国际生物特征识别技术杂志》的编委。她获得过很多奖项,而且她的研究项目成功地得到了大额资助。她的研究工作在报纸上和电视访谈节目里都有报道。最近,加拿大文明博物馆展出了她与 5 位杰出的加拿大科学家的研究成果,加拿大国家电影局也为她制作了一部纪录片。用她自己的话来说,她最大的成就,是在努力追求职业与个人生活最佳时,在两者之间找到了一个微妙的平衡。她与丈夫 Dmitri Gavrilov 博士一起生活,而且是两个很棒的男孩 Andrei 和 Artemy 引以为傲的母亲。

Maruf Monwar

Maruf Monwar 是美国卡内基·梅隆大学电气与计算机工程系的博士后研究员。其在加拿大卡尔加里大学获得计算机科学博士学位,在孟加拉国拉杰沙希大学获得计算机科学与技术学士学位和硕士学位,在加拿大北英属哥伦比亚大学获得计算机科学硕士学位。Maruf Monwar 现在是孟加拉国拉杰沙希大学计算机科学与工程系的助理教授。他的主要研究方向包括模式匹配、生物特征融合、表情识别和生物数据处理。其获得过加拿大自然科学与工程研究理事会（NSERC）的瓦尼埃研究生奖学金和博士后奖学金，曾任《国际生物特征识别技术杂志》的客座编辑。

致谢 1

我由衷地把这本书献给在我生命中让我学有所值的那些人：我的父亲 Lev 和已故的母亲 Tatiana Felman，感谢他们无条件的支持；我的祖父母，尤其是祖母 Alexandra Fedorovna Pestryakova，感谢她始终充满活力、热爱生活的积极的人生观；我的丈夫 Dmitri Gavrilov，感谢他让我集中精力工作；我的非常棒的儿子 Andrei 和 Artemy，感谢他们生就的天性。

我还想把它献给我在俄罗斯国立莫斯科罗蒙诺索夫大学和加拿大卡尔加里大学的老师，感谢他们使我把学习当作一种有趣的消遣；还有在俄罗斯、加拿大和世界各地的朋友和同事，感谢他们独特而精彩的人生。

Marina L. Gavrilova
加拿大卡尔加里大学

我很高兴把这本书献给我的家庭，特别是我的妻子 Nahid Sultana，还有我可爱的小女儿 Rushama Nahiyan，感谢他们执着的爱、祈祷、热情和鼓励。没有他们的支持，我不可能完成这本书。

Maruf Monwar
美国卡内基·梅隆大学

致谢 2

第一作者感谢加拿大卡尔加里大学生物特征识别技术实验室(BTLab)所有成员的贡献。实验室成员 Kushan Ahmadian 博士深入研究了多模态生物特征识别中的神经网络方法,我们对他的贡献表示深深的谢意。还要感谢实现了步态分析方法的实验室成员硕士研究生 Shermin Bazazian。

我们深深地感谢卡尔加里大学电气工程系 Yingxu Wang 教授的富有洞察力的建议和在多模态模糊系统上的合作。我们要感谢 Anil Jain 和 Roman Yampolskii 对生物特征识别和人工实体特征识别的热情。非常感谢 Svetlana Yanushkevich 和 Vladimir Shmerko 开始完全接受生物特征识别学科,还要感谢 Patrick Wang 和 Sargur Srihari 对首届生物特征识别研讨会和随后关于生物特征合成的专著的贡献。我们还要感谢其他所有参与者的渊博的知识和一直的热情,包括 Khalid Saeed(波兰)、Hamid Arabnia(美国)、Alexey Sourin(新加坡)、Dimitri Plemenos(法国)、Christos Papadimitriou(美国)。

支持这个项目的资助机构有加拿大创新基金会、加拿大自然科学和工程研究委员会(NSERC)、北大西洋公约组织(NATO)、加拿大信息技术与综合系统数学组织(MITACS)、加拿大阿尔伯塔创新基金会(AIF)和加拿大-美国太平洋数理研究所(PIMS)。

另外,第二作者要向他在孟加拉国拉杰沙希大学、加拿大北英属哥伦比亚大学、加拿大卡尔加里大学的所有老师致以深深的谢意,尤其是美国密歇根州立大学的 Vijayakumar Bhagavatula 教授,加拿大卡尔加里大学的 Marina L. Gavrilova 教授、Yingxu Wang 教授、Jon Rokne 教授和 Steve Liang 博士,波兰卡托维兹西里西亚大学的 Piotr Porwik 教授,感谢他们在过去几年里的指导和提供的有力支持。他还要感谢加拿大自然科学和工程研究委员会、卓越研究创新中心(iCORE)和加拿大阿尔伯塔创新基金会支持他的研究。

我们感谢匿名书评者的宝贵意见,以及 IGI 全球出版公司的所有成员:管理人员、出版者、编辑、排字工人和传播者,感谢他们的耐心和对这个项目的无限支持。

我们向上述所有帮助过我们的人表示诚挚的谢意。最后一点也非常重要,非常感谢家人的支持,如果没有他们的支持,就不会有这些努力。

Marina L. Gavrilova

加拿大卡尔加里大学

译者序

多模态生物特征识别技术是近十年出现的高新信息技术,西方国家率先将其应用于安全领域,如身份认证、反恐、监控、刑事侦查等方面,发挥了巨大的作用。

多模态生物特征识别技术进入我国的时间较晚。目前我国系统研究多模态生物特征识别技术的研究机构有中国科学技术大学、哈尔滨工业大学、哈尔滨工程大学、北京科技大学和沈阳工业大学等,但迄今为止,国内尚无介绍多模态生物特征识别技术的专业书籍。

Multimodal Biometrics and Intelligent Image Processing for Security Systems 一书是由加拿大学者 Marina L. Gavrilova 教授和 Maruf Monwar 博士合作撰写的关于多模态生物特征识别技术的学术专著。Marina L. Gavrilova 教授在生物特征识别领域有多年的研究经历,并且是加拿大卡尔加里大学的两个创新研究实验室(生物特征建模与仿真技术实验室和计算科学中的空间分析 SPARCS 实验室)的创始人和联合主任,在该领域成果斐然。Maruf Monwar 博士获得过加拿大自然科学与工程研究理事会(NSERC)的瓦尼埃研究生奖学金和博士后奖学金,在模式匹配、生物特征融合、表情识别和生物数据处理等方面具有独到见解。

该书全面、深入地介绍了多模态生物特征识别技术的基本理论、方法及应用,详细说明了该技术的研究、开发和系统构成,并给出了该技术在安全和身份认证等领域中成功应用的案例。这些详尽的内容,对我国从事多模态生物特征识别技术研究的科技人员极有帮助,有助于缩短与国外多模态生物特征识别技术研究和应用的差距,促进我国国防武器装备的信息化与智能化建设。

原著共分 11 章,内容涉及多模态生物特征识别的基本理论、方法与系统构成,以及其在安全和身份认证等领域的应用。阅读该书,读者能够获悉生物特征识别理论与方法的全貌,更好地掌握和利用这种高新信息技术。

原著全文由郑毅、郑苹翻译。其中,郑毅翻译了第 1 章至第 6 章,郑苹翻译了第 7 章至第 11 章,原著的序言、前言、致谢、缩写词表和作者简介由郑毅翻译。译稿由郭培芝高级工程师审校。

本书的出版得到了国防工业出版社装备科技译著出版基金、国家自然科学基金项目(项目编号:61173173,61272430,61472227,61471004)、山东省自然科学基金项目(项目编号:ZR2013FM015)、山东省高等学校科技计划项目(项目编号:J14LN02)和安徽理工大学博士基金项目(项目编号:ZY543)的资助,在此一并表示感谢。

郑毅,郑苹

2015 年 9 月

序　言

　　生物特征识别技术涉及与人体相关的人类行为的计算机仿真、分析与合成的研究,近年来越来越受重视。在解决日常问题方面,它有许多重要的应用,包括身份验证与辨识,笔迹、签名、指纹、语音、掌纹和虹膜的分析与识别,以及网络安全。这对国家安全特别重要,尤其是在"9·11"纽约世界贸易中心的悲剧发生之后。与名医们的谚语相似,"事先预防疾病比后来治愈它更重要",许多人认为,如果有足够好的生物特征识别系统阻止那些恐怖分子进入美国,就不会发生"9·11"悲剧。

　　我很高兴地看到,IGI 全球出版公司在这个领域出版了加拿大卡尔加里大学著名的 Marina L. Gavrilova 教授撰写的这部新专著。我因获信息学领域研究优秀奖而参观卡尔加里大学生物特征识别技术实验室(BTLab)时,曾见过 Gavrilova 教授,她在"情感分析与识别"方面的研究工作给我留下了深刻的印象。

　　本书涵盖了相当广泛的生物特征识别技术,既有基础理论又有实际应用,包括生物特征识别技术的概述,还有人工智能(AI)、模式识别(PR)、图像处理(IP)、神经网络、生物特征识别系统、信息融合与多模态生物特征识别的现行方法及趋势、模糊融合生物特征识别以及生物特征识别在安全系统和机器人中的应用等诸多内容。

　　在涉及人脸、耳朵和虹膜的多模态生物特征信息融合系统中,作者使用马尔可夫链和模糊逻辑,巧妙设计了一个用于生物特征验证与辨识的人工智能技术决策系统,这给我留下了特别深刻的印象。它使系统更加智能化,可以提高识别准确率。

　　在最后一章的结论和未来的研究方向中,本书提出了许多令人兴奋的主题,可以作为硕士研究生或博士研究生未来的研究方向。

　　综上所述,我认为本书适用于对生物特征识别技术感兴趣的研究人员和专业人士,以及高年级本科生、硕士研究生和博士研究生。它可以作为很好的教科书和研究参考资料。

Patrick S. P. Wang

美国 WANG Teknowloge 实验室,美国东北大学,美国哈佛大学,加拿大卡尔加里大学,德国马格德堡大学

IAPR 会士,ISIBM 会士,WASE 会士,IEEE 会士,ISIBM 杰出成就奖获得者

IJPRAI 和及 WSP 出版的 MPAI 丛书主编

前　言

激励人类不断认识世界的动力,或者世界给予人类的永恒挑战,很难说这两者谁先开始,但是它们都促使人类进化成为能够批判地分析周围环境并做出明智决策的智能生物。虽然史学家和哲学家对这个命题不能做出完整回答,但是这种原始驱动力为知识果实提供了肥沃土壤,使之能够自由地生长、繁衍、聚集与分享。

纵观人类历史,知识共享具有多种形式,如从西班牙安达卢西亚的史前洞穴岩画到现在法国卢浮宫展出的埃及陶土台,从撰写在古地中海纸莎草纸上的作品到大不列颠百科全书,从尤利乌斯·恺撒的罗马历法到维基百科,均体现出知识具有多态性。上述这些载体通过教学、学术创新和公开演讲等形式,在全世界范围内传播知识,为社会带来了知识应有的力量和竞争力。通过加密,可以对一些秘密文件、协议和文学作品做屏蔽处理,禁止这些知识公开展示与传播,加密手段几乎与那些经典作品一样具有悠久历史。恺撒密码、诡异机器、RSA 私有－公开加密法、数字签名、水印以及防火墙等,这些只是信息与知识保护的几个实例。但是,在隐私与安全、显式与隐藏数据集、算法秘诀保护与程序发布之间显然失衡,而生物特征识别技术正致力于研究这种不平衡性,因此,这个崭新的研究领域日渐被世人所关注。

本书的主体内容是在加拿大卡尔加里大学生物特征识别技术实验室研究成果的基础上撰写的,该实验室成立于 2001 年。本书第 1 部分和第 3 部分为读者介绍了生物特征识别领域,描述了实验室成员的研究方向,包括在生物特征识别和虚拟现实领域中与安全问题有关的神经网络、智能处理和基于情景方法的应用。本书第 2 部分是与生物特征识别技术实验室的一名博士研究生合作撰写的,阐述了马尔可夫链和模糊逻辑在排序级融合中的应用。

如果本书能够引领读者深入探究生物特征安全、智能代理、自我复制机器人、虚拟实体、多模态生物特征识别、数据融合、模糊逻辑、神经网络、社交行为分析等领域,那么就达到了此书的写作目的,作者会倍感欣慰。

Marina L. Gavrilova

加拿大卡尔加里大学

2012 年 11 月 14 日

目　录

第 1 部分　生物特征识别综述与发展趋势

第 2 部分　多模态生物特征识别中的信息融合

第3部分　安全系统应用

第 1 部分

生物特征识别综述与发展趋势

第 1 章

绪　论

本章将介绍计算智能(CI)在生物特征识别领域中的应用状况。首先将回顾人工智能(AI)的历史背景,然后介绍进化计算和神经网络(NN)。进化计算是计算机系统具有的一种类似于人类方式的随时间学习与进化的能力。本章将讨论进化计算中的群体智能(SI),以及另一种智能计算——混沌神经网络(CNN)。在本章结尾部分,将特别关注计算智能在生物特征安全中的特殊应用。

1.1　人工智能的历史回顾

在人类历史进程中,最有才智的人,如科学家、慈善家、教育家、政治家、领袖和哲学家,都热衷于研究人类大脑的工作方式。从 Michelangelo 到 Lomonosov,从 Da Vinci 到 Einstein,做过无数次的尝试,试图揭开人类大脑的神秘面纱,先是通过简单的机械装置复现人类大脑的运转,后来,在 20 世纪是借助计算机和智能软件。

在 Alan Turing 的具有开创性的论文《计算机器与智能》(*Computing Machinery and Intelligence*)(Turing,1950)中,提出了一个问题:"机器能够思考吗?"为了建立回答这个问题的可靠标准,他提出了一种现在众所周知的"图灵测试"方法,即通过评估机器的能力来展示其智力。测试是基于人类法官与对手之间的自然语言交谈,对手可以是人类,也可以是机器。通过答案,法官需要判断对手是机器还是人类。如果法官无法判断对手是人类还是机器,那么就认为机器通过了图灵测试。

在 1996 年 Naor 开发了自动图灵测试(ATT)理论平台之后(Naor,1996),新一代研究者继续研究同样的人/机辨识概念。除了 ATT 之外,新开发的程序有反向图灵测试(RTT)、人机交互验证(HIP)、强制性人类参与(MHP)和全自动开放式人机区分图灵测试(CAPTCHA)(Ahn,Blum,Hopper,& Langford,2003)。

在现代术语里,图灵测试可以被认为是一种行为生物特征识别,而行为是基于对问题的字面反应。在现代人工智能领域中,另一项具有开创性的工作是在 20 世纪 50 年代 John von Neumann 提出的自动机和自我复制机理论,后来他出版了一部相关专著(von Neumann,1966)。他的理论是以 Alan Turing 的理论为基础的。

自我复制是一种自然过程,是地球上生物生命周期的基础。生命有机体自我复制的核心,是在适当条件下核酸能够复制自身的生物学事实(Craig,Cohen - Fix,

Green,Greider,Storz,& Wolberger,2011）。对于非生物环境中的自我复制,只是最近在诸如自我复制软件、计算机病毒和机器人的"人工"实体的背景下被研究过（Gavrilova & Yampolskiy,2011）。在过去的十年里,这方面的研究成果丰硕。康奈尔大学的加拿大研究者们,已经创建了一种能够建立自身副本的机器。他们的机器人由一系列模块化的立方体（称为"模块立方"）组成,每一个模块立方都具有同样的部件和用于复制的计算机程序。这些立方体利用嵌入的磁铁有选择地互相吸附与分离,改变它们的拓扑结构。通过这种方式,许多互相连接的立方体可以构成一个完整的机器人（Zykov,Mytilinaios,Adams,& Lipson,2005）。

1.2　进化计算与神经网络

人工智能研究方向上的另一种方法引出了进化计算的概念。这里提到的进化计算,是指计算机软件具有随时间学习和进化的能力,类似于人类通过经验、事实和案例进行学习。这种制定成功策略和完善自我的能力,会产生自然的、有时甚至是惊人的结果。

例如,群体智能（SI）是进化计算的一个分支,其系统功能是以（简单的）代理与其环境局部交互的集体行为为基础的（Bonabeau,Dorigo,& Theraulaz,1999）。群体智能系统中的代理,具有有限的感知（智能）,不能独自完成想要执行的任务。虽然如此,但是通过管理群体中代理的行为,能够展示突发性行为和智能,并且是一种集体现象。尽管群体现象主要是在诸如蚁群和鸟群等生物有机体中观察到的,但是最近它用于仿真致力于实现明确目标的复杂动态系统（Apu & Gavrilova,2006）。近年来,人们对群体现象进行了越来越多的研究,探究很多有关计算协作的可能性。例如,自组织群机器人有潜力完成复杂的任务,因此昂贵且复杂的机器人智能可能会被相当简单的装置所取代。群原理不但对人工智能（AI）领域有贡献,而且已经应用于虚拟现实领域（Raupp & Thalmann,2001）。

群体智能是机器人学中特别有趣的概念,因为它能够使制造商生产出廉价和可扩展的机器人,这些机器人能够完成很多复杂的工业任务。尽管在战术方案中的群体智能研究不是很常见,但是仍有一些文献对此进行了探索。例如,在加拿大卡尔加里大学生物特征识别技术实验室的一个项目中,提出了一种把群体智能与遗传算法（GA）结合起来的独特方法。这种方法采用双性交配过程,使用与多目标进化对象（MOEO）方法相似的遗传算法执行运算（Apu & Gavrilova,2012）。它也检查社交代理的结构与战术适应度之间的关系。因此,除了回答使用有限智能如何形成多种结构之外,该项研究还调查了这种结构为何对群体的全部生存和战术研发而言是必要的。

智能计算的另一个方面是神经网络。神经网络的理念来自于对人类大脑在学习过程中如何在神经元之间建立连接的观察。面对高维复杂信息,对真实世界或者计算机世界中的实体之间最显著的模式、关联与关系进行学习,这是至关重要的。混沌神经网络(CNN)可以通过有效、准确和可检验的方式进行学习过程,同时可以改变学习环境,并且学习领域具有几乎无限的复杂性。这种方法使混沌神经网络进入生物特征识别领域,面对不确定性和含噪数据,它能够把模拟人类大脑的工作过程应用于制定复杂决策(Gavrilova & Ahmadian,2011)。

1.3 计算智能和生物特征识别

本书后续章节介绍的所有方法,都是计算智能的例子。计算智能是一个研究领域,重点研究模仿或模拟人类智能的计算机处理在各种领域的应用。本书探究计算智能在一个最具活力的基于计算机的安全领域——生物特征识别中的应用。

生物特征辨识系统是一种自动模式识别系统,通过确定某人具有的特定的生理和/或行为特征(生物特征)的真实性,进行身份识别(Yanushkevich, Wang, Gavrilova, & Srihari,2007)。生理生物特征标识通常包括指纹、手掌几何特征、耳朵形状、眼睛图案(虹膜和视网膜)、面部特征和其他生理特征。行为标识包括语音、签名、键盘击键方式和其他标识。控制进入禁区和保护重要的国家利益或公共利益,是安全与情报服务的主要工作。生物特征识别系统频繁地用于判断某人是否允许进入禁区。但是,与依靠两种以上的信息来源进行决策的系统相比,仅基于单一信息来源的系统可能由于较高的误差率而无法正常工作。而且,现有的具有最强大的算法的生物特征识别系统,也不能提供完全可靠的结果,尤其是当处理含噪、错误或伪造的数据时,系统性能会更低。

因此,多模态生物特征识别系统作为一种强有力的方法出现了,能够帮助缓解一些单一生物特征识别的不足。多模态生物特征识别系统能够融合多种生物特征、实例、算法或原始数据样本,提高整体性能。性能是根据识别准确度、内存需求量、安全性(抗攻击、欺骗或伪造)和规避(即使对含噪或低质量的数据,或者同时缺少某种类型的数据,也能够产生一致结果的能力)进行评估的(Ross, Nandaku-mar, & Jain,2006)。为了研究系统的准确度,在识别层面分析时,必须对参数进一步分级。诸如错误接受率(FAR)、错误拒绝率(FRR)和两者的组合等指标,经常用于进一步评估生物特征识别系统在现实生活中配置安全应用程序的可能性。

多模态系统的优势,来自于有多个信息源的事实。多个信息源对系统的最显著的影响,是更高的准确度、更少的注册问题和增强的安全性。所有的多模态生物特征识别系统,都需要一个融合模块,用于获取个体数据并将其融合,以便得到认证结果:假冒者或合法用户。融合模块中的决策过程可能像对一位数值执行逻辑运算一样简单,也可能像使用模糊逻辑和认知信息学原理开发的智能系统一样复杂(Wang,et al. ,2011;Saeed & Nagashima,2012)。

在过去的十年里,为了找到生物特征与融合方法的最佳组合,使识别误差减到最小,已经开发了大量的多模态系统。就其本身而言,以特征融合、算法和决策策略为基础开发新方法的推动力,可以被认为是一种智能生物特征识别方法。

1.4 本章小结

简而言之,本书为生物特征安全决策领域提供了最先进的方法和新颖的处理途径。本书介绍了来自模式识别、安全和图像处理领域的多种方法和实施途径,充实了信息融合、计算智能、机器人生物特征识别和神经网络领域的概念。本章深入地探讨了生物特征识别与多模态生物特征识别的概念。在接下来的几章里,将特别强调多模态排序信息融合和安全领域中的用户应用,将详细讨论信息融合。由于排序级融合与其变体在安全领域中具有优势,因此将特别关注这类方法。这部分深入介绍了多模态生物特征识别系统的结构,讨论了多种信息融合方法的优缺点。后续章节将会介绍基于模糊逻辑概念和马尔可夫链(MC)的新方法,它可以作为排序融合的替代方法,并通过多个例子和实验来说明这些方法的性能。随后,将介绍基于计算智能范式的新的替代方法在多模态生物特征识别领域中的首次应用,包括多生物特征识别系统设计中的混沌神经网络与降维概念、智能软件安全系统中的机器人生物特征识别与化身识别、软生物特征识别的应用、用于提高多模态生物特征识别系统性能的社交网络与社会趋势等内容。本书最后一章将概述多模态生物特征识别有前途的研究方向,并将展望这个充满活力的研究领域的发展前景。

<h1 style="text-align:center">参 考 文 献</h1>

Ahn L V, Blum M, Hopper N, Langford J. (2003). CAPTCHA:using hard AI problems for security. Lecture Notes in Computer Science,2656,294 – 311. doi:10. 1007/3 – 540 – 39200 – 9_18.

Apu R A, Gavrilova M L. (2006). Battle swarm:an evolutionary approach to complex swarm intelligence. In Proceedings of the 9th International Conference on Computer Graphics and Artificial Intelligence, (pp. 139 – 150). Limoges, France;Eurographics.

Apu R A, Gavrilova M L. (2012). Battle swarm:the genetic evolution of tactical strategies and battle efficient forma-tions. ACM Transactions on Autonomous and Adaptive Systems. Retrieved from http://3ia. teiath. gr/3ia_previ-ous_conferences_cds/2006/Papers/Full/Apu24. pdf.

Bonabeau E, Dorigo M, Theraulaz G. (1999). Swarm intelligence:from natural to artificial systems. Oxford, UK;Oxford University Press.

Craig N L, Cohen – Fix O, Green R, Greider C W, Storz G, Wolberger C. (2011). Molecular biology principles of genome function. Oxford, UK: Oxford University Press.

Gavrilova M L, Yampolskiy R. (2011). Applying biometric principles to avatar recognition. Transactions on Computational Science, 12, 140 – 158. doi: 10. 1007/978 – 3 – 642 – 22336 – 5_8.

Gavrilova M L, Ahmadian K. (2011). Dealing with biometric multi – dimensionality through novel chaotic neural network methodology. International Journal of Information Technology and Management, 11 (1/2), 18 – 34. doi: 10. 1504/IJITM. 2012. 044061.

Naor M. (1996). Verification of a human in the loop or identification via the turing test. Rehovot, Israel: Weizmann Institute of Science.

Raupp S, Thalmann D. (2001). Hierarchical model for real time simulation of virtual human crowds. IEEE Transactions on Visualization and Computer Graphics, 7 (2), 152 – 164. doi: 10. 1109/2945. 928167.

Ross A A, Nandakumar K, Jain A K. (2006). Handbook of multibiometric. Berlin, Germany: Springer.

Saeed K, Nagashima T. (2012). Biometrics and Kansei Engineering. Berlin, Germany: Springer.

Turing A M. (1950). Computing machinery and intelligence. Mind, 59, 433 – 460. doi: 10. 1093/mind/LIX. 236. 433.

von Neumann J. (1966). Theory of self – reproducing automate. Urbana, IL: University of Illinois Press.

Wang Y, Berwick R C, Haykin S, Pedrycz W, Baciu G, Bhavsar V C, Gavrilova M, Kinsner W, Zhang D. (2011). Cognitive informatics in year 10 and beyond: summary of the plenary panel. In Proceedings of the 10th IEEE International Conference on Cognitive Informatics & Cognitive Computing (ICCI * CC). IEEE.

Yanushkevich S N, Wang P S P, Gavrilova M L, Srihari S N. (2007). Image pattern recognition: synthesis and analysis in biometrics. New York, NY: World Scientific Publishing Company.

Zykov V, Mytilinaios E, Adams B, Lipson H. (2005). Robotics: self – reproducing machines. Nature, 435, 163 – 164. doi: 10. 1038/435163a PMID: 15889080.

第 2 章
生物特征识别与生物特征识别系统

近几年来,安全威胁的增长,增加了确定个体身份的必要性。生物特征认证是一种通过分析生理或行为特征来进行身份认证的解决方案。本章将回顾各种生物特征识别的概念与术语,以及典型的生物特征识别系统的组成、功能和性能参数。本章还将介绍针对特定应用场合的生物特征识别系统的设计与开发。本章通过引入基于智能信息融合与智能模式识别的全新方法,将重点讨论与生物特征数据和系统性能有关的固有问题,从而创建智能安全系统的概念。在本章的结尾,将讨论单模态生物特征识别系统的潜在缺点,并以此缺点作为激励,引入智能安全系统范畴中的多模态生物特征识别系统的概念。

2.1 引言

国内和国际安全组织的主要职责包括控制进入禁区、保护重要的政府和平民目标。随着大型网络(例如社交网络、电子商务和电子学习)的发展和对身份盗用问题的日益关注,设计适当的身份认证系统变得越来越重要。通常,用于禁区准入控制的身份认证,以及在不同的网络或社会服务情景(例如银行业务、福利支出和移民政策等)中用于辨识的身份认证,是使用生物特征认证实现的。根据 Ratha 等的文献(Ratha,Senior,& Bolle,2001),"生物特征识别是使用生理或行为特征辨识或验证个人身份的科学"。在过去的几十年里,由于生物特征认证系统具有诸如唯一性、超时稳定性、普适性、用户认可度和易用性等性质,因此人们用它代替基于密码或令牌的认证系统(Jain,Boelle,& Pankanti,1999)。

2.2 生物特征标识

对于使用人的生理或行为生物特征或标识确定其身份的难题,生物特征认证提供了一种自然且可靠的解决方案(Jain,Flynn,& Ross,2007)。术语"生物统计学(biometry)"的字面意思是"生命科学",专注于研究生物特征标识。这些生物特征标识也称作生物特征,是个人身份的组成部分(Bolle,Connell,Pankanti,Ratha,& Senior,2004)。一些现在用于生物特征识别的生理特征,包括人脸、指纹、手掌几何特征、耳朵形状、虹膜、视网膜、DNA、掌纹和手背静脉等；用于生物特征识别的行为特征，包括语音、步态、签名和击键力度变化。软生物特征作为一组新的生物特征而出现，得到了越来越多的关注。软生物特征包括与身高、种族、年龄和性别有关的测量值。最后，还有一组特征，即社交生物特征，它们用于最先进的安全系统。这组生物特征包括通过观察受试者的社交行为、兴趣、社交网络连接、工作与休闲模式、业余爱好、社交媒体沟通而获得的数据。

2.2.1　生理标识

生理生物特征识别以身体测量为基础，其获得数据的基本方法是对人体局部直接测量（Biometrics，2009）。通常，假定生理生物特征标识比行为标识更稳定，这是因为大多数的生理标识在人的一生中是保持不变的，并且在很大程度上不取决于外部因素（Kung, Mak, & Lin, 2005）。目前，人脸、指纹和虹膜是自动认证系统最常用的生理标识。其他的生理生物特征标识，包括视网膜、DNA、手掌几何特征、耳朵形状、掌纹、手背静脉和牙齿。图 2.1 显示了一些用于身份认证的生理生物特征标识。

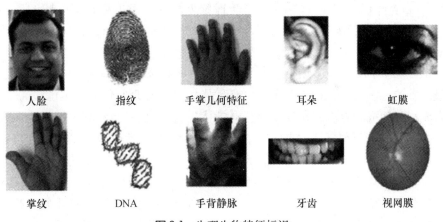

图 2.1　生理生物特征标识

人脸：在身份认证中，人脸是使用最广泛的生物特征标识。几乎每个人每天都把它当作识别他人的主要手段。在所有的生物特征中，人脸是用于身份辨识的最普通且最常用的生物特征。人脸识别是友好的，并且具有非侵入性（Feng, Dong, Hu, & Zhang, 2004）。

人脸识别的优点包括公众接受度高、传感器是常用的、没有物理侵入性，并且人们能够轻松地验证基于人脸生物特征的安全系统的结果（Wilson, 2010）。

人脸识别过程的难题包括不同的光照条件与背景、面部表情的变化、衰老、伪装和一些面部特征的遮挡（Singh, 2008）。这些难题如果没有得到妥善解决，则可能会降低整体的识别准确度。

指纹:指纹是第一种用于识别某人财物的生物特征标识。古代的商人已经知道使用他们的手掌或手指的印痕来标记他们的货物(如陶罐)、确定货物的所有权了。指纹的主要特点是长时间的独特性和一致性。

指纹结构包括手指表面的许多脊线(上部的皮肤层段)和谷线(下部的皮肤层段)。不同的细节点,例如脊线末梢(脊线结束的位置)和脊线分支点(一条脊线分裂为两条脊线的位置),是脊线的重要特征(Biometric News Portal,2012)。其他像脊线的拓扑和脊线间的距离,也可以考虑作为鉴别特征。

指纹结构是唯一的,它是由脊线和细节点的相对拓扑位置决定的(Jain,Flynn,& Ross,2007)。指纹传感的主要技术有墨迹法、光学技术和超声波技术。细节匹配和拓扑匹配两种算法通常用于指纹识别。细节匹配是在指纹脊线上比较具体细节,而拓扑匹配则是比较指纹的整体拓扑结构,可以基于独立的距离或向量比较,或者几何结构相似性,例如 Voronoi 图(VD)的三角剖分(Wang & Gavrilova,2006)。

虹膜:虹膜是一个环绕眼睛瞳孔的环状物,它的肌肉结构能够对进入眼睛的光线起反应(Vacca,2007)。虹膜识别系统能够处理输入图像以提取虹膜的生物特征。然后,把这些特征信息存储起来,用于以后虹膜辨识或验证的比较(Iris Recognition,2003)。

也许除了 DNA 之外,在当今可用的所有生物特征中,普遍认为虹膜模式识别是最准确的。然而,获取 DNA 样本的难度很大,并且处理它们的成本也很高,这些因素使得虹膜成为寻求高安全度的公司的优先选择之一。在 2003 年虹膜识别报告中提到,"具有类似于离群点集大小、速度、习惯/人为因素、平台通用性和辨识或验证模式的灵活性等因素的高可信认证"的组合,使得虹膜识别成为一种可以大规模民用且高度通用的生物特征识别技术。获得用于方法验证和安全系统测试的大型虹膜数据库是相对复杂的,因此一些研究人员专注于虹膜合成,即生物特征识别的逆问题。这种方法是基于逆向细分和组合不同虹膜特征,从而获得一个新的实例(Wecker,Samavati,& Gavrilova,2005)。虹膜不是通过研究和模拟常见的模式可以重建的唯一的生物特征。最近有一本关于这个主题的专著《图像模式识别:生物特征识别中的合成与分析》(Image Pattern Recognition:Synthesis and Analysis in Biometrics),是由世界科学出版社在 2007 年出版的,这本专著的内容广泛地涉及这个主题,并且在各种生物特征识别领域中探讨了数据合成问题(Yanushkevich,Wang,Gavrilova,& Srihari,2007)。

手掌几何特征:基于手掌几何特征的生物特征认证系统,使用的是基于手掌的形状与大小、手指的长度与宽度的测量值。这种认证方法的主要优势是简单且廉价。然而,当不同个体的手掌几何特征非常相似时,就很难区分他们了,而且在人的一生中,手掌的尺寸是变化的(Biometric News Portal,2012)。另外,其传感设备的尺寸明显大于现代指纹扫描仪或摄像机的尺寸。由于这些原因,这类系统不能被扩展后用于更大的数据库。不管怎样,这些系统正在被研究和应用于人口规模较小的群体。

掌纹:基于掌纹的生物特征认证系统,是通过比较个体掌纹来区分个体的。与指纹相比,掌纹包含较少的独特信息,但是在线条、皱纹和皱褶方面具有更多的细节信息(Swathi,2011)。为了获得更好的识别准确度,它经常与手掌形状生物特征结合使用。在过去的二十年里,基于掌纹的身份验证一直是一个活跃的研究领域,但是现在人们的研究兴趣慢慢地转向其他的生物特征,例如耳朵形状或视网膜。

耳朵形状:耳朵不是一种常用的生物特征,但它非常有用,这是因为耳朵的生理结构对于每个个体来说都是独一无二的,并且基于解剖测量的特征是不随时间变化的。由于耳朵特征具有独特性,并且耳朵生物特征识别具有非侵入性和相对特殊的性质,因此这种生物特征识别技术是值得研究的(Burge & Burger,1996)。

耳朵图像可以用类似于采集人脸图像的方式获得,即用于采集人脸图像的摄像机也能够用于采集耳朵图像。而且,耳朵图像可以有效地用于监控场合。可以使用基于图像和信号的处理方法,对耳朵生物特征的独特特性进行比较。

视网膜:视网膜是眼球后方血管的图案,它被认为是每个个体所特有的(Jain,Flynn,& Ross,2007)。把低强度的光束或红外光投射到眼睛上,使得一部分视网膜结构被数字化成像,这是一种常见的传感方法(Griaule Biometrics,2012)。与人脸或耳朵形状生物特征不同,由于图像采集过程需要受试者配合,因此它既不是一种好的研究方法,也不是一种广泛接受的方法。

DNA:脱氧核糖核酸(DNA)是所有生物体的核心生物代码(Griaule Biometrics,2012)。DNA可以被认为是一种生物特征,因为它能够唯一地识别个体身份。在很多执法部门的调查中,它是一种可以选择的方法,并且在法庭上已经被作为证据接受。除了同卵双胞胎(共享相同的DNA模式)之外,每个人都有独一无二的DNA模式。DNA辨识的基本原理是比较在核遗传物质中的识别点处找到的交替形式的DNA序列(Bolle,Connell,Pankanti,Ratha,& Senior,2004)。

文献(Griaule Biometrics,2012)提到了三个因素,是DNA生物特征普及率低的原因:①隐私问题,个人的一些附加信息可以从这些数据中推断出来(例如遗传密码、疾病等);②实时认证能力,这种技术需要大量的计算资源,并且需要化学处理,因此难以实现自动化;③访问可用性,由于可以很容易地盗取一份个人的DNA,因此这个信息可以用于欺诈目的(Griaule Biometrics,2012)。

手背静脉:血管模式是指在皮肤下方的血管网络。在20世纪90年代,首次提出了使用血管模式作为一种生物特征识别技术的理念。在过去的二十年里,研究人员越来越关注静脉认证(Tanaka & Kubo,2004)。与手掌几何特征类似,血管模式不是唯一的,但是能够抵抗衰老或创伤带来的变化。

虽然有不确定的证据,但是血管模式看起来似乎每一个个体都是独一无二的,包括双胞胎(Biometric News Portal,2012;Griaule Biometrics,2012)。有趣的是,手背或手掌具有复杂的血管模式,因此能够在区分能力和大量特征方面与指纹相媲美(Shrotri,Rethrekar,Patil,Bhattacharyya,& Kim,2009)。

牙齿:牙齿生物特征识别也称为牙科生物特征识别,它使用牙科 X 光照片进行身份辨识。牙科 X 光照片含有关于牙齿轮廓、相邻牙齿的位置和对个体所做的牙科手术的类型的信息(Chen & Jain,2005)。

因为类内差异大,并且很难获得牙科信息,所以这不是一种常用的生物特征标识。它的接受程度也不如人脸生物特征,甚至赶不上指纹。因此,基于牙齿的身份认证可以作为辅助的生物特征识别技术。

2.2.2 行为标识

行为生物特征标识与人的行为模式有关。人们做事情,例如走路、说话、签上自己的名字或者在键盘上打字(速度、节奏、按键的压力等),都有独特的方式。与这些行为模式相关的生物特征标识有步态、语音、签名和键盘击键方式,其中语音和签名是生物特征认证系统最常用的行为标识。这些生物特征具有非接触性,但是它们的变动大,在一些应用环境中很难处理。

各种各样的影响,例如压力、疲劳或疾病,使得行为生物特征难以测量,但是它们有时更容易被用户接受,而且实现成本通常更低(Kung,Mak,& Lin,2005)。例如,说话人识别系统是一个广泛使用的行为生物特征识别系统,它使用语音进行身份认证。图 2.2 显示了一些基于生物特征的身份认证系统使用的行为生物特征标识。

语音　　　　　　签名　　　　键盘击键方式　　　　步态

图 2.2　行为生物特征标识(图像来源:Google)

语音:尽管语音是生理和行为特征的组合,与给定个体的语音信号模式有关,但是它通常被认为是行为标识。语音与人脸和指纹一样,是使用最广泛的生物特征标识之一,可以根据人们说话时的声音进行身份识别。

语音的生理特征与人类形成声音的途径有关,包括声道、口腔、鼻腔和嘴唇(Griaule Biometrics,2012)。语音的行为特征可能会受到说话者的情绪状态的影响(Griaule Biometrics,2012)。基于语音的身份认证方法,主要是在商品化的语音识别系统和语言翻译器的背景下开发的,到目前为止,已经取得了阶段性成功。

签名:笔迹被认为能够反映一个人自身的特点。在计算机出现之前,签名已经在不同的领域得到了应用,范围从政府和法律部门到商务应用(Griaule Biometrics,2012)。

传统上,安全系统中的签名认证可以是静态的或动态的。静态签名认证只使用签名的统计特征,而动态认证不但使用其统计特征,而且使用诸如签名的速度、加速度、压力和笔迹等一些附加信息。受个人的生理和情绪状态的影响,签名的类内差异大,而且一段时间之后可能会变化。但是,这种系统可以透明地与其他系统结合使用,因为在日常生活的各种环境中经常需要签名(Biometric News Portal,2012)。

步态:步态是一种行为特征,是根据人们的走路姿势进行身份认证的(Griaule Biometrics,2012)。步态识别的优势在于,它具有通过视频图像识别远处的人的能力,因此适用于监控系统。而且,因为不需要受试者过多地配合,所以可以有效地在机场或其他人多的场所使用。因此,在医学、心理学和人体建模领域,步态受到了大量的研究关注(Jain,Flynn,& Ross,2007)。对于步态识别来说,可以使用的视频监控数据的数量非常大,而且从视频中提取步态模式以及后续分析也有多种方法。

键盘击键方式:键盘击键方式,或者换句话说,击键力度变化与人们在键盘上键入字符的方式有关(360 Biometrics,2012)。每个人击键与击键之间的保持时间都有一个独一无二的时序,这是基于击键方式的行为生物特征识别的基本原理(Bolle,Connell,Pankanti,Ratha,& Senior,2004)。可以进行"连续认证"是这种技术的主要优势之一,这是因为能够在一个大的时间段内对个人进行分析。

2.2.3 软生物特征标识

软生物特征是获得更多关注的新的生物特征组。它包括与人的可观测信息有关的测量值,例如身高、种族、年龄、性别、头发或者眼睛的颜色。这些信息通常存储在政府颁发的身份证明文件中(例如护照、驾驶执照),可以秘密获得(即没有身体接触或通知),而且可以对存储在集中式数据库中的个人记录进行验证。当生物特征识别系统的主要模块不工作的时候,或者在安全程度低的应用场合,使用这些信息可以提供线索。

2.2.4　社交生物特征标识

社交生物特征标识是加拿大卡尔加里大学生物特征识别技术实验室的一个新兴的研究领域。最近,这种生物特征识别技术已经用于最先进的安全系统。这类生物特征包括通过观察受试者的社交行为、兴趣、社交网络连接、工作与休闲模式、业余爱好、在社交媒体上的沟通而获得的数据。虽然这种生物特征数据的获取与分析更为复杂,但是它含有分析受试者的无价信息。例如双胞胎的情况,即使两者的外貌特征可能完全相同,社交关系、兴趣和人脉也会有显著差异。安全系统选择使用何种生物特征,取决于许多因素,包括系统的目的、适用范围、用户数量、预算、社交环境、可用性研究、人员培训、运行方式、有效配置的持续时间和特殊应用场合。

2.3　生物特征标识的属性

上文讨论的每一种生物特征标识,都有其自身的优缺点。因此,生物特征识别系统使用一个或多个标识时,需要基于应用场合考虑许多因素。为了在身份认证系统中使用生物特征标识,研究者们已经确定了生物特征标识需要具备的几个要求(Jain,Boelle,& Pankanti,1999)。这些要求或者是理论方面的,或者是实用方面的。理论要求包括(Jain,Boelle,& Pankanti,1999):

(1)普适性:群体中的每一个个体都应该有生物特征标识。

(2)特殊性:对于由个体组成的群体,从其中随机选择两个人,其标识应该是完全不同的。

(3)持久性:生物特征标识应该在一段时间内保持不变,或者变化相对缓慢。

(4)可采集性:使用适当的设备,应该能够采集、数字化和存储标识。

实用要求与生物特征识别系统的功能性相关(Jain,Boelle,& Pankanti,1999):

(1)性能:可实现的识别准确度、速度或其他重要参数。

(2)可接受性:终端用户在日常生活中对生物特征识别系统的接受程度。

(3)规避:系统对噪声或攻击的安全程度。

2.4　生物特征识别系统的组成

单词"Biometric"(生物特征识别)是一个复合词,由两部分构成:希腊单词"bios"(生命)和"metron"(测量)(Werner,2008)。生物特征识别有时被定义为专注于测量与分析一个人的独特特征的研究领域(Maltoni,Maio,Jain,& Prabhakar,2009)。由于一些因素,包括对可靠与方便的身份认证的需求的不断增长、成本的降低、政府和行业的采用的增加,因此现在生物特征识别系统越来越普及。有了基于生物特征识别的身份认证,没有什么可以丢失或忘记了,这与传统安全认证系统中的物理令牌(钥匙、卡片)或信息令牌(个人身份证号码、密码)不同。另外,生物特征识别系统的成本降低到了一个合理的范围,在商业市场上呈现出硬件与软件技术以及可访问性的不断改进。由于这些优势,许多公共组织和私人组织使用生物特征识别系统,作为基于身份认证的访问控制的主要安全系统。表 2.1 显示了不同类型生物特征标识的比较(Jain,Boelle,& Pankanti,1999)。

表 2.1　不同类型生物特征标识的比较(Jain,Boelle,& Pankanti,1999)

生物特征	普适性	特殊性	持久性	可采集性	性能	可接受性	规避
人脸	高	低	中	高	低	低	高
指纹	中	高	高	中	高	中	高
虹膜	高	高	高	中	高	低	高
签名	低	低	低	高	低	高	低
语音	中	低	低	中	低	高	低
手背静脉	中	中	中	中	中	中	高
DNA	高	高	高	低	高	低	低

因此,特定标识的选择在很大程度上是系统架构师的任务,取决于对性能、成本、可访问性、培训、配置和系统维护的各种各样的要求。典型的生物特征识别系统的工作方式是采集个体的生物特征数据,从采集的数据中提取特征集,然后将这个特征集和数据库中的模板特征集比较。因此,生物特征识别系统的组成根据其功能性,可以分为一些模块。这些模块通常包括传感器或数据采集模块、特征提取模块、匹配模块和决策模块(Jain,Flynn,& Ross,2007)。

2.4.1　传感器或数据采集模块

任何生物特征识别系统的第一步都是通过各种仪器或传感器,例如摄像机、指纹传感器和传声器等,从来源(即个体)获取生物特征数据。用户的特征必须以合作(用户同意)或非合作(远程可观测)的方式提交给传感器。数据采集模块的输出是后续模块的输入数据(以图像或信号的形式)。生物特征数据采集可能会受到很多因素的影响,例如培训、经验或疲劳等人为因素,以及天气、光照和声音干扰等环境条件,使用的传感器的质量和类型,终端用户的合作情况。注册失败率(FTER)通常用于衡量这种数据采集过程的失败概率。图 2.3 显示了从人脸、签名、指纹、虹膜和语音识别系统获得的一些样本输入和采集的信号。

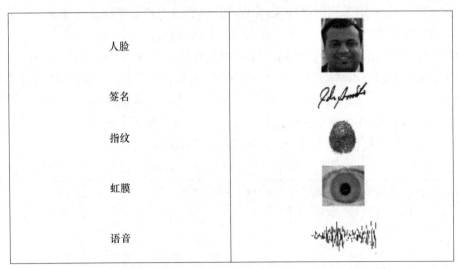

人脸

签名

指纹

虹膜

语音

图 2.3 生物特征识别系统的样本输入和采集的信号

2.4.2 特征提取模块

特征提取模块使用图像处理或信号处理方法获取生物特征——高维数据源的子集,相对于比较整幅图像,比较(匹配)子集的速度更快。根据文献(Ross, Nanda-kumar, & Jain, 2006),特征应该是"每个人所特有的(用户之间的相似性非常小),不随采自同一个人的同样的生物特征的不同样本的变化而改变(用户内部的可变性非常小)"。特征提取模块的初始任务是对获得的数据执行预处理。这样的预处理可能包括图像二值化、归一化或图像分割。处理的目的是简化原始数据,把图像或信号转变成更有意义和更容易分析的表示形式。例如,在基于虹膜识别的生物特征认证系统中,需要使用图像分割从输入的眼睛图像中分离虹膜区域。接着,对输入图像的分割部分做进一步处理,提取有意义的特征。然后,由这个模块获得的特征集,被当作模板存储到系统数据库中。

2.4.3 匹配模块

匹配模块是一个关键的模块,它用于把在特征提取过程中从生物特征样本提取的特征集,与存储在生物特征数据库中的模板进行比较。匹配模块用于确定样本与模板之间的相似或相异的程度。这个步骤可以依靠多种距离度量,如基于欧几里得距离、闵可夫斯基距离、李雅普诺夫距离、马哈拉诺比斯距离、测地线距离,或其他基于距离的方法。它还可以依靠比较基于主成分分析(PCA)本征脸的人脸识别中的向量之间的距离,或者比较混沌神经网络方法中的簇与簇之间的距离。然后,把这些相似性或相异性分数传给最后一个模块,用于认证决策。

　　大量的文献专门论述如何开发用于这个模块的较好的算法。它们在不同的生物特征识别系统中的差异非常大。这些差异取决于应用程序的设计,并且基于多种因素,包括应用场合、时间要求和资源可用性。在这个模块中,频繁使用的算法有神经网络、主成分分析、支持向量机(SVM)和模糊逻辑(Paul,Monwar,Gavrilova,& Wang,2010;Gavrilova & Ahmadian,2011)。

2.4.4　决策模块

　　生物特征识别系统的最后一个模块是决策模块。在这个模块中,以特征之间的相似或相异的程度为依据,进行认证决策。这个模块考虑应用需求,做出最终的决策。例如,给定一个88%的匹配,在一种应用场合里,它可以被视为一个肯定决策,然而在更加鲁棒的应用场合里,同样的匹配率可能被视为一个否定决策。

　　对所有的生物特征识别系统来说,另外两个重要的组成部分是生物特征信息数据库和通信通道。生物特征信息数据库也可以称为系统数据库,它包括和管理所有提取的特征集(模板)。通过匹配模块可以访问这个组件,进行输入特征集与模板的比较。

　　通信通道或传输通道是指组件或模块之间的通信路径。在一些独立系统中,这种通道属于内部设备,而且可以分布于其他系统里。它包括一个具有许多远程数据采集点的中央数据存储器。如果涉及大量的数据,那么对于后续操作来说,在把数据发送到传输通道或者存储器之前,为了节省带宽和存储空间,可能需要进行数据压缩。

　　而且,在一些生物特征识别系统中,在传感器模块的后面,有一个确保采集的生物特征样本质量的质量检查模块,它也被纳入到系统中(Jain,Flynn,& Ross,2007)。如果采集的生物特征样本不满足所要求的标准,那么就需要重新采集受试者的样本。

　　图2.4显示了典型的生物特征识别系统的标准组成。

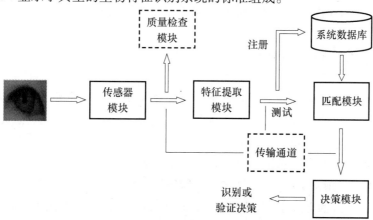

图2.4　典型的生物特征识别系统的框图

2.4.5 智能安全系统

由于对安全系统在各种条件和工作场合下的性能要求日益提高,因此最近开发出一些替代方法,用于改善特征提取、增强学习过程,以做出更好的总体决策。在这些最先进的方法中,总体方向明显是向更智能、适应能力更强的系统发展。这里的智能意味着独立、自学习系统,该系统能够观测模式,适应环境或传入的数据样本的变化,补偿与不完善的技术或操作人员培训、用户样本的可变性或数据质量的不一致性有关的失误。因此,模糊逻辑方法可以用作决策模块的一部分,或者降维模块可以用于减少系统提取的特征数。基于进化计算、智能模式识别引擎或神经网络的智能学习器模块,可以用于提高系统识别率,并且能够在系统有效配置之前对给定的数据库进行广泛训练(Paul,Monwar,Gavrilova,& Wang,2010;Gavrilova & Ahmadian,2011)。本书的后续章节将回顾这些方法。

2.5 生物特征验证

生物特征识别系统能够用于身份验证或者身份辨识。身份验证回答"我是我声称的那个人吗?"的问题,然后通过比较验证模板和注册模板,确认声称身份的有效性(Jain,Flynn,& Ross,2007)。因此,身份验证需要个人提供他/她自己的身份才能够进行验证。因而验证所需的比较,也称为一对一的匹配(Jain,Flynn,& Ross,2007)。在验证过程中,一些关于身份的信息(如身份标识),通常会随着生物特征标识传给系统。这种附加因素可以唯一地呈现注册身份和给系统数据库提取的生物特征(Bolle,Connell,Pankanti,Ratha,& Senior,2004)。日常生活中的一些境况会用到身份验证,例如银行业务、使用信用卡、参加活动、参加考试等。通常,通过比较人脸生物特征和/或存储在其护照、身份证或信用卡中的数据签名,验证一个人的身份。有时候,会使用多个信息来源进行身份验证。

2.6 生物特征辨识

生物特征辨识通过回答"我是谁?"的问题来确定一个人的身份。为了这样做,辨识系统执行匹配,对个人身份与多个生物特征模板进行测试。因此,在辨识系统中,匹配是一对多的匹配(Jain,Flynn,& Ross,2007)。

有两种类型的辨识系统:肯定辨识系统和否定辨识系统(Jain,Flynn,& Ross,2007)。肯定辨识系统的目的,是在生物特征数据库里找出用户的生物特征信息。在肯定辨识系统的文献中,常见的例子是犯人辨识,其使用摄像机采集人脸或虹膜图像进行辨识,而不使用平常的身份证件。

否定辨识系统使用一个模板与多个模板做比较,但其目的是验证一个人没有在数据库中注册(Jain,Flynn,& Ross,2007)。这能够防止人们在一个系统里注册两次,经常用于用户可能会多次参加能够获得额外好处的社会服务项目的情况(Jain,2005)。

在辨识和验证之间,还有一个单独的类别,称为一对少匹配(Bolle,Connell,Pankanti,Ratha,& Senior,2004)。这里,少意味着数据库的大小是非常小的。但在实际中,很少发现这种分类是有用的。

对于验证和辨识而言,成功的生物特征注册是必不可少的。生物特征注册是指在生物特征数据库里注册受试者的过程(Jain,Flynn,& Ross,2007)。在这个过程中,需要首先采集用户的生物特征数据,并进行预处理和特征提取,如图2.4所示;然后,把用户的模板存储到系统数据库里。图2.5说明了生物特征注册、验证和辨识的流程。

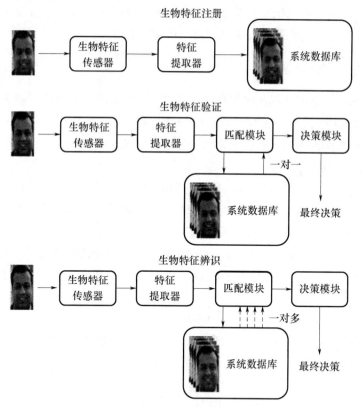

图2.5 生物特征注册、验证和辨识

2.7 生物特征识别系统的性能

通常使用一些参数来表示生物特征识别系统的性能。生物特征识别系统所做的决策,或者是一个"合法用户"类型的决策,或者是一个"假冒者"类型的决策(Ross,Nandakumar,& Jain,2006)。对于每一种类型的决策,都有两个可能的结果:真或假。因此,共有四种可能的结果:接受合法用户或发生正确匹配,拒绝合法用户或发生错误拒绝,拒绝假冒者或发生正确拒绝,接受假冒者或发生错误匹配(Ross,Nandakumar,& Jain,2006)。正如其他过程一样,该过程的正确性可以通过特殊参数以形式化的方式进行估计,这里的特殊参数是指两个错误率——错误接受率和错误拒绝率。

2.7.1　错误接受率

在文献(Ross,Nandakumar,& Jain,2006)中,把错误接受率(FAR)定义为"假冒者被当作合法用户而被接受的概率"。FAR 可以用假冒者的匹配分数(这里的匹配分数是指来自不同用户的两个生物特征样本的比较结果)超过预定义阈值的部分进行衡量(Ross,Nandakumar,& Jain,2006)。

2.7.2　错误拒绝率

Nandakumar 等把错误拒绝率(FRR)定义为"合法用户被当作假冒者而被拒绝的概率"。FRR 可以用合法用户的匹配分数(这里的匹配分数是指一个用户的同一生物特征的两个样本的比较结果)低于预定义阈值的部分进行衡量(Ross,Nandakumar,& Jain,2006)。

众所周知,FAR 和 FRR 彼此关联,它们的数值互相依赖,并且成反比关系。通常使用 FAR 和 FRR 评价系统性能。FAR 接近 0 或等于 0,确保假冒者几乎不可能作为合法用户使用系统。正确接受率(GAR)是另一个评价生物特征安全系统性能的度量,它被定义为"合法用户的匹配分数超过预定义阈值的部分"(Ross,Nandakumar,& Jain,2006)。在生物特征识别领域中,通常使用下面的等式计算系统的正确接受率,即

$$GAR = 1 - FRR \tag{2.1}$$

正确拒绝率(GRR)被定义为"假冒者的匹配分数低于预定义阈值的部分"(Ross,Nandakumar,& Jain,2006)。下面的等式可以用于计算系统的正确拒绝率,即

$$GRR = 1 - FAR \tag{2.2}$$

在生物特征安全系统里,其他类型的失败也是可能发生的。注册失败率(FTER)是指不能在系统进行注册的个人的比例(Bolle,Connell,Pankanti,Ratha,& Senior,2004)。如果个人不能与生物特征识别系统进行交互,或者个人的生物特征样本的质量很差,那么这个错误就有可能出现(Bolle,Connell,Pankanti,Ratha,& Senior,2004)。

　　采集失败率(FTCR)是指在身份认证尝试中,由于各种各样的原因,不能通过传感器获取用户的生物特征样本的比例(Renesse,2002)。

　　为了表示生物特征识别系统的识别准确度,通常使用不同的图表或曲线来描绘这些性能指标的数值。最常用的绘制曲线是受试者工作特性(ROC)曲线(Egan,1975),它主要用于生物特征验证。受试者工作特性曲线可以绘制关于任何阈值的错误接受率与相应的错误拒绝率。

　　另一种常用的曲线是累积匹配特性(CMC)曲线(Moon & Phillips,2001),它主要用于生物特征辨识。累积匹配特性曲线显示了在排序最靠前的匹配结果中的正确辨识的机会。对于排序靠后的身份,性能良好的系统也应该具有高的辨识率(Dunstone & Yager,2006)。

　　生物特征识别系统的性能也可以用相等错误率(EER)和 d' 值表示。相等错误率是指在匹配器的受试者工作特性曲线上,直线 FAR 与 FRR 相交时的工作点的值。也就是说,相等错误率是在 EER = FAR = FRR 处的错误率的值。

　　在图 2.6 中,匹配器 x 的相等错误率 EER_x 明显小于匹配器 y 的相等错误率 EER_y。d' 是另一种判断匹配器质量的方式(Bolle,Connell,Pankanti,Ratha,& Senior,2004)。文献(Daugman & Williaims,1996)建议使用下面的公式,计算匹配器的 d',即

$$d' = \frac{\mu_m - \mu_n}{\sqrt{\sigma_m^2 + \sigma_n^2}} \tag{2.3}$$

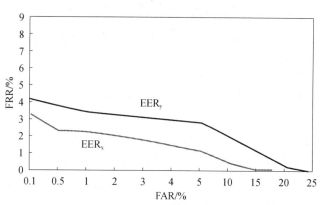

图2.6　两个独立样本系统相等错误率的比较

(Bolle,Connell,Pankanti,Ratha,& Senior,2004)

2.8　生物特征识别系统的应用

　　由于最近的安全威胁有多种来源(国际恐怖主义、有组织犯罪、商业间谍、非法移民、网络安全等),因此在各种场合,包括司法、民政和商业部门、政府部门以及涉

及遗传学和卫生保健等领域,已经广泛使用生物特征识别系统进行身份认证了。

2.8.1 司法鉴定

众所周知,生物特征识别用于执法与司法鉴定领域至少有几百年的历史了。指纹辨识系统是用于这个目的的最早的和使用最广泛的生物特征识别系统之一(Jain & Kumar,2012)。这样的系统不仅可以把嫌疑人与犯罪现场联系起来,而且能够把在另一个名字下逮捕的人与其他潜在的相关案例联系起来,确定犯罪的受害者,并把相关人员与复杂数据库中的事件关联起来(Wayman,Jain,Maltoni,& Maio,2005)。除了指纹外,司法部门还使用了其他的生物特征标识,包括人脸、签名、步态、语音和 DNA。对于非常繁忙的场所,例如体育场、机场和集会等,可以通过人脸和步态进行监视。签名和语音能够被用于辨识罪犯。近年来,由于 DNA 匹配技术具有更高的可访问性,而且成本低,因此它越来越多地用于辨识罪犯。

2.8.2 民政和商业部门

多年来,民政和商业部门一直是各种生物特征识别技术的主要支持者、开发者和使用者(Woodward,Horn,Gatune,& Thomas,2003)。生物特征识别技术在这个部门的应用领域,包括社会服务、银行业务与金融服务、定时与考勤、电子商务、电子学习以及最近出现的虚拟现实。在美国几乎所有的州以及加拿大的大部分省份的社会服务项目中,生物特征识别得到了大规模的应用。例如,这些项目使用生物特征识别技术,防止发生以多次注册的方式进行欺诈的行为。

2.8.3 政府部门

在政府部门中,政府机关使用生物特征分析与生物统计学应用。部署在美国的自动指纹辨识系统,是用于查找福利系统的重复注册、当地或国家选举的电子投票、驾驶执照的颁发等的主要系统(Griaule Biometrics,2012)。典型应用包括居民身份证、选民身份证明和选民身份认证、驾驶执照、社会福利分配、员工身份认证和军事项目。在几乎所有这些应用中,在身份证件里都是包含数字生物特征信息的。这些应用必须涉及大型数据库,这些数据库则包括数以百万计的样本,甚至可以对应于一个国家的大部分人口。传统上,这些应用主要是基于指纹扫描与辨识技术,而现在越来越多的系统则依靠人脸扫描和虹膜扫描技术。最后,生物特征护照通常使用以身份证件、签名、指纹和人脸等生物特征为基础的融合方法,因此可以提供更高级别的安全性。

2.8.4 遗传学

使用指纹模式特征跟踪人群的遗传史,已经有很长时间了(Cummins & Kennedy,1940）。也有把某些指纹特征与某些出生缺陷和疾病联系在一起的研究（Wood-ward,1997）。毫无疑问,在医学和公共卫生领域,像这样的研究应用非常多。

2.8.5　卫生部门

在卫生部门里,生物特征识别可以对病人或卫生保健提供者进行身份验证,同时预防诈骗,并对病人信息进行保护。典型应用包括个人信息访问、病人辨识和有形与无形基础设施的访问控制（Griaule Biometrics,2012）。

图2.7通过说明生物特征识别系统的应用领域,总结了上述的讨论。

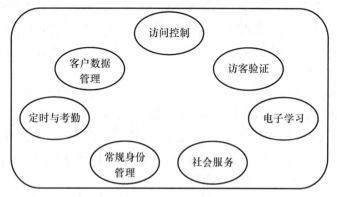

图2.7　生物特征识别系统的应用领域

2.9　生物特征识别系统的适用范围

近年来,生物特征识别系统已经成功地部署在大量的实际应用中,一些生物特征识别技术的综合性能相当好。然而,即使是迄今为止最先进的生物特征识别系统也面临许多问题,一些是数据类型固有的,一些是系统设计产生的。下面列出了生物特征识别系统普遍面临的一些问题,尤其是在身份认证过程中。

含噪数据:噪声可以被定义为与数据相关的没有意义的不需要的数据。含噪数据是生物特征识别系统的常见问题之一。传感器的缺陷、维护不当或老化,或者不能提供无噪的生物特征数据采集环境,或只是作为其他活动多余的副产品而产生的,这些原因会导致在生物特征数据的采集过程中混入噪声（Jain,2005）。例如,在嘈杂的环境中（例如在大雨等环境里）采集语音生物特征数据,将会导致噪声混入语音信号。同时,存在一个不受欢迎的倾向,即生物特征识别系统的识别准确度可能对生物特征数据的质量敏感（Garris,Watson,& Wilson,2004）。开发能够适应不完美的输入数据和训练生物特征识别系统适应数据质量变化的更好的算法,可以缓解这个问题。

非普适性：普适性是生物特征最重要的要求之一。如果目标人群的所有成员可以在生物特征识别系统注册，那么就认为该生物特征是通用的（Chen，Dass，& Jain，2005）。显而易见，并非所有的生物特征用户都拥有这个属性。例如，盲人在传感器前无法展示其虹膜或视网膜，目不识丁的人不能给生物特征认证提供签名。

缺乏个性：在生物特征识别系统中，当从两个不同个体提取的特征集非常相似时，会出现这种问题。例如，父亲与儿子的容颜可能很相似，这会限制基于人脸的生物特征认证系统的辨别能力（Golfarelli，Maio，& Maltoni，1997）。由于对这种情况缺少辨别力，因此生物特征的错误识别率可能会高于预期（Jain，2005）。

类内差异：当采集同一个个体得到的两个特征集（分别用于注册和认证）不相同时，会出现这个问题。出现这个问题的原因有几个，例如任何与传感器相关的问题、环境条件的变化和生物特征的固有变化。通常，类内差异越大，系统的识别准确度就越低（Uludag，Ross，& Jain，2004）。

规避敏感性：当假冒者给系统呈递一个假冒的生物特征样本时，会出现这个问题。尽管很难窃取别人的生物特征，但是研究（Matsumoto，Matsumoto，Yamada，& Hoshino，2002；Putte & Keuning，2000）显示，有可能使用窃取的指纹压痕构建胶质手指，并利用它们规避生物特征识别系统。像签名和语音这样的行为特征，比生理特征更容易受到此类攻击（Jain，2005）。

隐私：隐私是生物特征识别系统的另一个问题，这是因为生物特征是一个人与其身份的永久联系。采集的生物特征可以用于威胁一个人的隐私权（Bolle，Connell，Pankanti，Ratha，& Senior，2004）。为了确保不会发生这样的情况，可以采取许多法律、个人和技术措施。在法律层面上，以收集个人生物特征信息的初衷之外的任何目的使用它们，应该是非法的。在技术层面上，必须以安全的方式存储这类敏感信息，只有经过授权的人员才可以访问它。在个人层面上，对最终用户而言，重要的是获悉何时把数据输入计算机系统，使得它落入坏人之手的概率很小。因此，每个人都应该培养合理程度的谨慎与判断能力，决定何时以及如何共享敏感信息。总的来说，在生物特征识别系统中，保证数据安全是非常重要的。

最近出现了模板保护技术，它是一种保护系统用户的信息免于曝光的方法。这种方法的理念是基于在数据库中以加密的形式只存储一部分生物特征数据，使得在理论上不可能恢复原始数据。开发此类方法，虽然具有挑战性，但这是生物特征识别领域未来的研究方向之一（Jain & Kumar，2012）。

2.10 本章小结

本章为读者提供了生物特征识别的各种概念和术语的概述，特别介绍了生理标识和行为标识。在生物特征标识中，人脸、指纹、签名、语音和虹膜是最常用的生物特征标识,这是因为它们容易获得,而且具有较好的识别性能。本章还介绍了生物特征标识的新类别,即软生物特征标识和社交生物特征标识。

另外,本章还讨论了生物特征识别的功能和性能参数。生物特征认证可以细分为验证和辨识。由于应用目的不同,因此用户或开发者必须选定适当的系统架构。接下来,介绍了典型的生物特征识别系统架构。除了已知的模块外,还概述了智能决策、特征提取、模式识别和系统学习的新方法。最近几年的总体趋势是为了弥补生物特征数据和系统性能的固有问题,提出了基于智能信息融合和智能模式识别的全新方法,从而创建了智能安全系统的概念。在本章的结尾,讨论了单模态生物特征识别系统的潜在缺点,这些潜在缺点成为在智能安全系统的背景下引入多模态生物特征识别系统概念的动力。最后一点也非常重要,需要考虑隐私和安全的问题,以及生物特征模板保护的新方法(使用部分删除的生物特征),这种新方法被认为是生物特征识别领域里高度活跃的研究方向之一。

参 考 文 献

Biometric News Portal. (2012). Website. Retrieved from http://www. biometricnewsportal. com/biometrics_bene-fits. asp

Biometrics. (2009). Emerging devices technical brief. New York, NY: AT&T.

Biometrics. (2012). Website. Retrieved online from http://360biometrics. com/faq/Keystroke_Keyboard_Dynam-ics. php

Bolle R M, Connell J H, Pankanti S, Ratha N K, Senior A W. (2004). Guide to biometrics. New York, NY: Springer - Verlag.

Burge M, Burger W. (1996). Ear biometrics. In Jain A K, Bolle R, Pankanti S. (Eds.), Biometrics: personal identifi-cation in networked society, (pp. 273 - 285). Norwell, MA: Kluwer Academic Publishers.

Chen H, Jain A K. (2005). Dental biometrics: alignment and matching of dental radiographs. IEEE Transactions on Pattern Analysis and Machine Intelligence, 27 (8), 1319 - 1326. doi: 10. 1109/TPAMI. 2005. 157 PMID: 16119269.

Chen Y, Dass S C, Jain A K. (2005). Fingerprint quality indices for predicting authentication performance. In Pro-ceedings of Fifth International Conference on Audio and Video - Based Biometric Person Authentication (AVB-PA), (pp. 373 - 381). Rye Brook, NY: AVBPA.

Cummins H, Kennedy R. (1940). Purkinji's observations (1823) on fingerprints and other skin features. The Ameri-can Journal of Police Science, 31(3).

Daugman J G, Williams G O. (1996). A proposed standard for biometric decidability. In Proceedings of cardTechSecu-reTech, (pp. 223 - 224). Atlanta, GA: cardTechSecureTech.

Dunstone T, Yager N. (2006). Biometric system and data analysis: design, evaluation, and data mining. New York, NY: Springer.

Egan J. (1975). Signal detection theory and ROC analysis. New York, NY: Academic Press.

Feng G, Dong K, Hu D, Zhang D. (2004). When faces are combined with palmprint: a novel biometric fusion strategy. In Proceedings of First International Conference on Biometric Authentication, (pp. 701 – 707). Hong Kong, China: IEEE.

Garris M D, Watson C I, Wilson C L. (2004). Matching performance for the US – visit IDENT system using flat fingerprints. Technical Report 7110. Washington, DC: National Institute of Standards and Technology (NIST).

Gavrilova M L, Ahmadian K. (2011). Dealing with biometric multi – dimensionality through novel chaotic neural network methodology. International Journal of Information Technology and Management, 11(1 – 2), 18 – 34.

Golfarelli M, Maio D, Maltoni D. (1997). On the error – reject tradeoff in biometric verification systems. IEEE Transactions on Pattern Analysis and Machine Intelligence, 19(7), 786 – 796. doi: 10. 1109/34. 598237.

Griaule Biometrics. (2012). Website. Retrieved online from http://www. griaulebiometrics. com/en – us/book/understanding – biometrics/introduction/types/behavioral

Iris Recognition. (2003). Iris technology division. Cranbury, NJ: LG Electronics USA.

Jain A, Kumar A. (2012). Biometric recognition: an overview. The International Library of Ethics. Law and Technology, 11, 49 – 79.

Jain A K. (2005). Biometric recognition: how do I know who you are? Lecture Notes in Computer Science, 3617, 19 – 26. doi: 10. 1007/11553595_3.

Jain A K, Bolle R, Pankanti S. (Eds.). (1999). Biometrics: personal identification in networked society. Dordrecht, The Netherlands: Kluwer Academic Publishers.

Jain A K, Flynn P, Ross A A. (2008). Handbook of biometrics. New York, NY: Springer.

Kung S Y, Mak M W, Lin S H. (2005). Biometric authentication: a machine learning approach. Upper Saddle River, NJ: Prentice Hall.

Maltoni D, Maio D, Jain A K, Prabhakar S. (2009). Handbook of fingerprint recognition (2nd ed.). New York, NY: Springer – Verlag. doi: 10. 1007/978 – 1 – 84882 – 254 – 2.

Matsumoto T, Matsumoto H, Yamada K, Hoshino S. (2002). Impact of artificial "gummy" fingers on fingerprint systems. [SPIE]. Proceedings of SPIE Optical Security and Counterfeit Deterrence Techniques IV, 4677, 275 – 289. doi: 10. 1117/12. 462719.

Moon H, Phillips P J. (2001). Computational and performance aspects of PCA – based face recognition algorithms. Perception, 30(5), 303 – 321. doi: 10. 1068/p2896 PMID: 11374202.

Paul P P, Gavrilova M. (2012). Multimodal cancelable biometric. In Proceedings of the 11th IEEE International Conference on Cognitive Informatics & Cognitive Computing (ICCI * CC), (pp. 43 – 49). IEEE.

Paul P P, Monwar M, Gavrilova M, Wang P. (2010). Rotation invariant multi – view face detection using skin color regressive model and support vector regression. International Journal of Pattern Recognition and Artificial Intelligence, 24(8), 1261 – 1280. doi: 10. 1142/S0218001410008391.

Putte T, Keuning J. (2000). Biometrical fingerprint recognition: don't get your fingers burned. In Proceedings of IFIP TC8/WG8. 8 Fourth Working Conference on Smart Card Research and Advanced Applications, (pp. 289 – 303). Bristol, UK: IFIP.

Ratha N, Senior A, Bolle R. (2001). Tutorial on automated biometrics. In Proceedings of International Conference on Advances in Pattern Recognition. Rio de Janeiro, Brazil: IEEE.

van Renesse R L. (2002). Implications of applying biometrics to travel – documents. [SPIE]. Proceedings of the Society for Photo – Instrumentation Engineers, 4677, 290 – 298. doi: 10. 1117/12. 462720.

Ross A A, Nandakumar K, Jain A K. (2006). Handbook of multibiometrics. New York, NY: Springer.

Shrotri A, Rethrekar S C, Patil M H, Bhattacharyya D, Kim T – H. (2009). Infrared imaging of hand vein patterns for biometric purposes. Journal of Security Engineering, 2, 57 – 66.

Singh R. (2008). Mitigating the effect of covariates in face recognition. (PhD Dissertation). University of West Virginia. Morgantown, WV.

Swathi N. (2011). New palmprint authentication system by using wavelet based method. Signal & Image Processing: An International Journal, 2(1), 191 – 203. doi: 10. 5121/sipij. 2011. 2114.

Tanaka T, Kubo N. (2004). Biometric authentication by hand vein patterns. In Proceedings of SICE Annual Conference, (pp. 249 – 253). Sapporo, Japan: SICE.

Uludag U, Ross A, Jain A K. (2004). Biometric template selection and update: a case study in fingerprints. Pattern Recognition, 37(7), 1533 – 1542. doi: 10. 1016/j. patcog. 2003. 11. 012.

Vacca J R. (2007). Biometric technologies and verification systems. Burlington, MA: Butterworth – Heinemann.

Wang C, Gavrilova M L. (2006). Delaunay triangulation algorithm for fingerprint matching. In Proceedings of ISVD, (pp. 208 – 216). Banff, Canada: ISVD.

Wayman J L, Jain A K, Maltoni D, Maio D. (2005). An introduction to biometric authentication systems. In Wayman J L, Jain A K, Maltoni D, Maio D (Eds.), Biometric Systems: Technology, Design and Performance Evaluation, (pp. 1 – 20). London, UK: Springer – Verlag.

Wecker L, Samavati F, Gavrilova M. (2005). Iris synthesis: a multi – resolution approach. In Proceedings of 3rd International Conference on Computer Graphics and Interactive Techniques in Australasia and South East Asia, (pp. 121 – 125). IEEE.

Werner C. (2008). Biometrics: trading privacy for security. Retrieved from http://media. wiley. com/product_data/excerpt/26/07645250/0764525026. pdf

Wilson C. (2010). Vein pattern recognition: a privacy – enhancing biometric. Boca Raton, FL: CRC Press. doi: 10. 1201/9781439821381.

Woodward J D. (1997). Biometrics: privacy's foe or privacy's friend? Proceedings of the IEEE, 85(9), 1480 – 1492.

Jr Woodward J D, Horn C, Gatune J, Thomas A. (2003). Biometrics: a look at facial recognition. Arlington, VA: Virginia State Crime Commission.

Yanushkevich S N, Wang P S P, Gavrilova M L, Srihari S N. (2007). Image pattern recognition: synthesis and analysis in biometrics. New York, NY: World Scientific Publishers Company.

第 3 章
生物特征识别中的图像处理

在大多数基于生物特征的安全系统中,与生物特征标识相关的图像被用作系统的输入。本章将讨论生物特征模式识别常用的各种图像处理方法与算法。对于生物特征识别系统而言,为了获得良好的性能,高效、可靠的图像处理是必不可少的。本章将在人脸、耳朵和指纹应用框架的背景下,讨论各种基于表观的方法,例如本征图像法和费歇尔图像法,以及基于拓扑特征的方法,例如基于 Voronoi 图的识别方法。在生理和行为生物特征识别中,使用认知智能和自适应学习方法是生物特征模式识别的新兴研究方向。因此,在生物特征识别研究领域中,神经网络、模糊逻辑和认知结构将发挥更加重要的作用。本章将以用于行为生物特征识别的基于情景的识别方法的重要性的讨论作为结束。

3.1 引言

在第 2 章中,综述了生物特征识别系统的概况。几十年来,许多政府和公共机构已经把生物特征认证用于访问控制。今天,生物特征识别的主要应用正从物理安全(使用基于身份证或令牌机制的标准安全辨识机制结合指纹生物特征,对接近特定位置进行监控)转向到远程安全(使用步态生物特征的基于视频监视的人群监测方法)。在过去的几年里,每个星期市场上都会出现新的技术设备,每隔几个月处理大量数据的能力都会加倍,尤其是当领先的 IT 公司和大学的研究中心开发的生物特征识别算法增至三倍的时候,这类方法的普及程度显著增加。

随着开发更为精确、可靠的身份辨识方法的需求不断紧迫,生物特征识别与模式分析方法的结合日益普及,这是因为这种结合毋庸置疑能够提高结果的准确度,从而提高安全保护的级别。由上述动机驱动,本章的剩余章节将致力于智能生物特征数据处理的两组主要方法。第一组方法是生物特征识别领域内众所周知的基于表观的方法(Jain,Flynn,& Ross,2007)。第二组方法是基于拓扑的信息驱动方法(Yanushkevich,Wang,Gavrilova,& Srihari,2007),重点是为了简化处理、减少存储和提高准确度的目的,从生物特征样本中提取元数据,从而使生物特征处理方法更有效和更智能。

3.2　生物特征识别中基于表观的图像处理

从生物特征认证研究的整个范围来看,可以发现绝大部分的生物特征数据处理是使用图像处理与模式识别的方法和算法实现的(Soledek,Shmerko,Phillips,Kukharevl,Rogers,& Yanushkevich,1997)。基于表观的方法是生物特征图像处理的主流方向,为了从原始图像提取生物特征,这种方法把整幅图像的表观作为一个实体或高维图像空间中的一个向量进行分析。像配色方案、方向、背景、亮度和饱和度这样的因素,或者逐像素地进行分析与处理,或者投影到子空间,使用诸如主成分分析(PCA)的方法进行分析与处理。在这个背景下,最明显的例子是基于人脸、虹膜和耳朵的生物特征识别(Soledek,Shmerko,Phillips,Kukharevl,Rogers,& Yanushkevich,1997)。

在文献中,通常使用的解决生物特征数据处理问题的方法,主要有以下几种:数字化、压缩、增强、分割、特征测量、图像表示、图像模型和设计方法。图 3.1 对这些方法进行了总结。虽然其中一些方法用于数据预处理,另一些方法用于模式识别与匹配,但是有巨大潜力在所有阶段使用更智能的方法,以优化处理和提高安全系统的整体性能。在随后的致力于个体生物特征识别技术的章节里,将概述其中的一些方法。

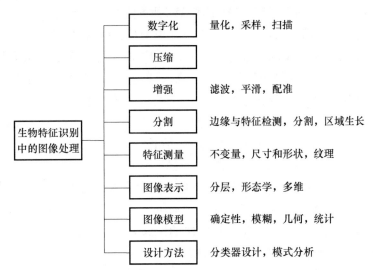

图 3.1　生物特征识别中的图像处理方法与算法

3.2.1　用于人脸识别的图像处理

在生物特征安全系统中,人脸匹配器通常用于人脸识别。它的主要目标是从图像中识别可辨认的面部特征,减少关键特征的数字代码,使它们与已知的人脸模板进行匹配。匹配器有两个输入,分别是输入图像和人脸图像数据库中的人脸图像,输出是单一的匹配人脸,或者是排序列表的前 n 个匹配,即前 n 个识别出的匹配人脸。就其本身而言,输出足以做出决定同意或者禁止访问给定的资源或安全资产,也适合作为排序级多模态生物特征识别系统的一部分进一步融合。在第 5章中,将详细描述这个过程。

为了识别人脸,必须提取并选择人脸图像的第一特征,以最有效的方式表示数据的属性,用于以后在特征空间里进行匹配计算。目的是提取最重要的特征,在生物特征人脸空间中区分或分离个体。使用选定的距离(如欧几里得距离、闵可夫斯基距离、李雅普诺夫距离、马哈拉诺比斯距离和测地线距离等)度量空间,进一步计算这些特征之间的距离。在模式识别文献中,已经提出了许多选择和提取距离度量和特征的方法。通常情况下,选择取决于问题本身的细节。因此,欧几里得度量常用于解决笛卡儿空间中的几何问题,而马哈拉诺比斯度量常用于方差的统计分析。

在各种人脸识别方法中,一些最常用且最有效的方法是基于表观的方法。主成分分析和线性判别分析(LDA)是这种方法的两个例子,它们的工作原理是降维和特征提取(Belhumeur, Hespanha, & Kriegman, 1997;Bartlett, Movellan, & Sejnowski, 2002;Lu, Plataniotis, & Venetsanopoulos, 2003)。有两种最先进的人脸识别方法,它们分别建立在本征脸(Turk & Pentland, 1991)和费歇尔脸(Belhumeur, Hespanha, & Kriegman, 1997)基础上,而且已经证明这两种方法非常成功。在主成分分析中,输出空间里的相邻的目标类通常在输入空间里加权,这样可以减少潜在的错误分类。由文献(Bartlett, Movellan, & Sejnowski, 2002)可知,主成分分析或者用于从原始人脸图像提取特征,或者用于从本征脸提取可判别的本征特征。从以主成分分析为基础开展的后续研究所产生的全部文献可知,这项技术对图像条件非常敏感,例如背景噪声、图像偏移、物体遮挡、图像的尺度变化和光照变化等。因此,尽管主成分分析方法已是最常用的人脸识别技术,但是在方法改进上仍吸引了大量研究者的关注。

研究者们利用不同实现方法的优势,提出了多种主成分分析与特征表示相结合的新方法。线性判别分析(Belhumeur, Hespanha, & Kriegman, 1997)、核主成分分析(Kim, Jung, & Kim, 2002)和使用核方法的广义判别分析(GDA)(Baudat & Anouar, 2002),这些都是为特定的应用而提出的新方法。常用方法之一是使用费歇尔图像,这是一种用于人脸图像识别的主成分分析与线性判别分析相结合的方法(Belhumeur, Hespanha, & Kriegman, 1997)。这种方法可以获得子空间投影矩阵。本征图像法试图最大化图像空间中的训练图像的散度矩阵,而费歇尔图像法在试图最大化类间散度矩阵(也称为人间散度矩阵)的同时,最小化类内散度矩阵(也称为人内散度矩阵),如图 3.2 所示。在费歇尔图像法中,类别相同的人脸图像会映射得更近,而类别不同的人脸图像最终会进一步分离。而且,费歇尔图像法有一些其他的优势。这种方法对噪声和遮挡更为鲁棒,而且抗光照、尺度和方向的变化,同时对不同的面部表情、面部毛发、眼镜和化妆不敏感。另外,费歇尔图像法可以有效处理高分辨率或低分辨率的图像,而且能够以较小的计算代价提供更快的识别速度。这种方法是以文献(Turk & Pentland,1991;Belhumeur, Hespanha, & Kriegman,1997;Zhang,2004)提出的公式为基础的,它的实现过程总结如下。

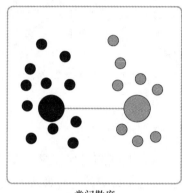 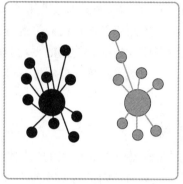

类间散度 　　　　　　　　　　　类内散度

图3.2 类间散度与类内散度的例子

由文献(Turk & Pentland,1991)可知,首先必须使用一组包括每名受试者多幅人脸图像的图像向量的训练集初始化系统,即

$$训练集 = \left\{ \underbrace{\boldsymbol{\Gamma}_1 \boldsymbol{\Gamma}_2 \boldsymbol{\Gamma}_3 \boldsymbol{\Gamma}_4 \boldsymbol{\Gamma}_5}_{X_1} \ \underbrace{\boldsymbol{\Gamma}_6 \boldsymbol{\Gamma}_7 \boldsymbol{\Gamma}_8 \boldsymbol{\Gamma}_9 \boldsymbol{\Gamma}_{10}}_{X_2} \ \underbrace{\boldsymbol{\Gamma}_{16} \boldsymbol{\Gamma}_{17}}_{X_4}, \underbrace{\cdots \boldsymbol{\Gamma}_N}_{X_C} \right\} \qquad (3.1)$$

式中:$\boldsymbol{\Gamma}_i$ 为人脸图像向量,N 为图像的总数,并且每一幅图像都属于 C 个类 $\{X_1, X_2, \cdots, X_C\}$ 之一,其中的 C 是数据库中的受试者的数量。

依次增加每一列,重构原始人脸图像,可以获得人脸图像向量 $\boldsymbol{\Gamma}$。因此,由 $(N_x \times N_y)$ 个像素表示的人脸图像,可以重构一个大小为 $(P \times 1)$ 的图像向量 $\boldsymbol{\Gamma}$,其中 P 等于 $N_x \times N_y$。

此外,根据文献(Turk & Pentland,1991),由下列等式可以定义类间散度矩阵 $\boldsymbol{S}_B$ 和类内散度矩阵 $\boldsymbol{S}_W$ 为

$$\boldsymbol{S}_B = \sum_{i=1}^{C} |X_i| (\boldsymbol{\Psi}_i - \boldsymbol{\Psi}) (\boldsymbol{\Psi}_i - \boldsymbol{\Psi})^{\mathrm{T}} \qquad (3.2)$$

$$\boldsymbol{S}_W = \sum_{i=1}^{C} \boldsymbol{S}_i \qquad (3.3)$$

式中:$\boldsymbol{\Psi} = \dfrac{1}{N} \sum_{i=1}^{N} \boldsymbol{\Gamma}_i$ 是数据库中全部训练图像向量在每一个像素点上的算术平均

值，Ψ 的大小是 $(P \times 1)$；$\Psi_i = \dfrac{1}{|X_i|} \sum\limits_{\Gamma_i \in X_i} \Gamma_i$ 是类 X_i 在每一个像素点上的均值图像，$|X_i|$ 是类 X_i 中样本的数量，Ψ_i 的大小是 $(P \times 1)$。为了计算每一个人脸类的内部变化，必须求出该类的人脸图像的均值图像。S_i 是类 i 的散度，定义如下（Turk & Pentland，1991）

$$S_i = \sum_{\Gamma_i \in X_i} (\Gamma_i - \Psi_i)(\Gamma_i - \Psi_i)^{\mathrm{T}} \tag{3.4}$$

类间散度矩阵 S_{B} 和类内散度矩阵 S_{W} 的大小都是 $(P \times P)$。类间散度矩阵 S_{B} 表示每个类均值围绕总体均值向量的分散程度。类内散度矩阵 S_{W} 表示不同个体的图像向量围绕各自的类均值的平均分散程度。

定义了类间散度矩阵 S_{B} 和类内散度矩阵 S_{W} 之后，可以定义训练集的总体散度矩阵 S_{T}（Belhumeur，Hespanha，& Kriegman，1997），即

$$S_{\mathrm{T}} = \sum_{i=1}^{N} (\Gamma_i - \Psi)(\Gamma_i - \Psi)^{\mathrm{T}} \tag{3.5}$$

使用费歇尔线性判别的目的，是对人脸图像向量进行分类。最大化投影数据的类间散度矩阵与类内散度矩阵的比值，是实现这个目的的一种常用方法。因此，最大化类间散度矩阵和最小化类内散度矩阵的最优投影矩阵 W，可由下式求得（Belhumeur，Hespanha，& Kriegman，1997），即

$$W = \max(J(T)) \tag{3.6}$$

其中，$J(T)$ 是判别力，可由下式求得，即

$$J_{\mathrm{T}} = \left| \frac{T^{\mathrm{T}} \cdot S_{\mathrm{B}} \cdot T}{T^{\mathrm{T}} \cdot S_{\mathrm{W}} \cdot T} \right| \tag{3.7}$$

在上面的等式中，S_{B} 和 S_{W} 分别是类间散度矩阵和类内散度矩阵。因此，最优投影矩阵 W 可以重新写为

$$W = \max(J(T)) = \max \left| \frac{T^{\mathrm{T}} \cdot S_{\mathrm{B}} \cdot T}{T^{\mathrm{T}} \cdot S_{\mathrm{W}} \cdot T} \right| \Big|_{T=W} \tag{3.8}$$

并且，式（3.8）可以通过求解式（3.9）表示的广义本征值问题而得到，即

$$S_{\mathrm{B}}W = S_{\mathrm{W}}W\lambda_{\mathrm{W}} \tag{3.9}$$

其中，λ 是相应的本征向量的本征值（Belhumeur，Hespanha，& Kriegman，1997）。

由广义本征值方程可知，只有 $C-1$ 个非零本征值，并且只有产生这些非零本征值的本征向量可以用于构造 W 矩阵。一旦构造出 W 矩阵，其就可以用作投影矩阵。通过最优投影矩阵 W 与图像向量的点积运算，可以把训练图像向量投影到分类空间，即（Belhumeur，Hespanha，& Kriegman，1997）

$$g(\Phi_i) = W^{\mathrm{T}} \cdot \Phi_i \tag{3.10}$$

其中，Φ_i 是平均减影图像，可由下式求得，即

$$\Phi_i = \Gamma_i - \Psi_i \tag{3.11}$$

这个投影矩阵的大小是 $((C-1)\times1)$。并且,它的组件可以被视为图像,称为费歇尔图像(Belhumeur,Hespanha,& Kriegman,1997)。

注册人脸图像之后,可以把前 n 个最佳匹配作为识别输出。这个结果可以自己使用,也可以作为排序级融合模块的输入,在多模态系统中做进一步决策。为了达到这个目的,需要执行以下任务:

步骤1:把测试用人脸图像投影到费歇尔空间,在费歇尔空间中测量未知人脸图像位置与所有已知人脸图像位置之间的距离。用同样的方式,可以把测试图像向量投影到分类空间。

分类空间投影为
$$g(\Phi_\mathrm{T}) = W^\mathrm{T} \cdot \Phi_\mathrm{T} \tag{3.12}$$
它的大小是 $((C-1)\times1)$。

有一种计算投影之间距离的简单方法,是通过训练与测试分类空间投影之间的欧几里得距离进行计算,即
$$d_{\mathrm{T}i} = \| g(\Phi_\mathrm{T}) - g(\Phi_i) \| \tag{3.13}$$
步骤2:在费歇尔空间中,选择与未知图像距离最近的图像。

步骤3:在不考虑由步骤2已经得到的匹配图像的条件下,重复执行步骤2,直到全部的已知人脸图像都被选择,并且获得前 n 个最佳匹配图像的时候,算法停止。

图3.3给出了费歇尔脸生成过程的总体流程图,图3.4显示了在生物特征识别系统中生成的费歇尔脸样本。

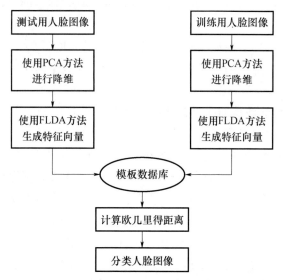

图3.3　费歇尔脸生成过程的总体流程图

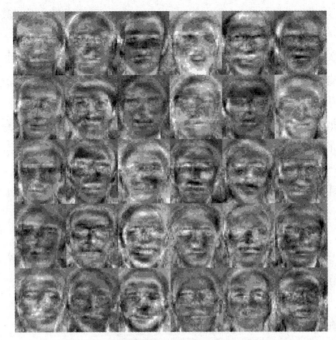

图3.4 使用人脸数据库生成的费歇尔脸样本

必须指出,上述的传统的人脸识别算法,最近受到新兴的智能图像处理应用的挑战。在新兴的智能图像处理应用中,基于弹性图匹配、神经网络学习器和支持向量机(SVM)的人脸识别技术,已经被证明是非常有前途的(Gavrilova & Ahmadian,2011;Kim,Jung,& Kim,2002;Baudat & Anouar,2002;Rowley,Baluja,& Kanade,1998;Phillips,1998)。这些方法不但能够识别常见且最明显的基于人脸生物特征的模式,而且非常适应多种环境变化、数据质量以及应用领域。

在这些方法中,基于神经网络学习器和减少输入数据向量的复杂性的方法,得到了很多的关注(Gavrilova & Ahmadian,2011)。这个人脸识别的新方向,可能非常有助于克服生物特征数据的高复杂性和高维性。这类方法的目标是把数据从高维空间转换到低维空间,并且不丢失信息。通常,较低的维度可以最大化数据的方差。当使用训练样本的多个特征时,数据的高维性就会成为生物特征识别系统的典型问题。随着维度数量的增大,识别算法的设计复杂度也显著增长。

聚类方法是常用的降维方法。在聚类中,根据集合中的元素的相似性,使用一些相似性度量,对元素进行分组。聚类通常用于设计一组边界,使得能够更好地理解数据(以结构化数据为基础)。聚类的其他用途包括索引和数据压缩。对于低质量的数据,先在原始空间中创建一个有意义的子空间,然后把这个降维向量空间提供给神经网络或进化方法学习器,就可以获得准确度更高的结果和更好的系统可持续性。后续章节将会更详细地描述这种方法。

3.2.2 虹膜识别算法

因为虹膜处理是以表观特征检测方法为基础的,所以它在某种程度上类似于人脸识别模式匹配,只是特别考虑了虹膜的生理结构。该方法描述如下。

虹膜是一个环绕眼睛瞳孔的清晰可见的环(Vacca,2007)。它是一种肌肉组织,能够控制进入眼睛的入射光量,并且具有可以测量的错综复杂的细节,例如条痕、圆盘状结构和皱纹(Vacca,2007)。虹膜识别系统首先需要产生虹膜的可测量的特征。然后,存储这些特征,用于以后与新的虹膜辨识或验证算法进行比较。

文献(Daugman,1993)提出了一种虹膜识别方法,该方法是在对虹膜图像进行预处理并使用霍夫变换(Hough,1962)与二维 Gabor 小波(Gabor,1946)编码之后,利用汉明距离(Hamming,1950)进行虹膜匹配的。首先,需要使用基于霍夫变换(Hough,1962)的自动分割算法定位眼睛图像的虹膜部分,即虹膜的范围是从角膜(外边界)内到瞳孔(内边界)外之间的区域。霍夫变换法是确定数字图像中某些类型特征的位置和方向的一种通用方法,它具有许多优点(Hough,1962)。这种方法简单、容易实现,能够较好地处理缺失和遮挡的数据,并且可以适应多种形式,而不仅限于直线形式。

霍夫变换(Hough,1962)法可以用于从眼睛图像中分割虹膜。为了提取虹膜区域,采用了霍夫变换拟合圆的方法,也就是说,在霍夫空间中通过一种投票机制提取环形的虹膜边缘点。对原始眼睛图像分别使用水平梯度模板和垂直梯度模板进行卷积运算,可以生成两幅边缘检测图像,能够有效地确定虹膜边界。图 3.5 说明了这个过程。

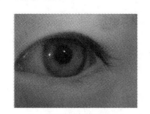  

原始眼睛图像 　　　　水平边缘检测 　　　　垂直边缘检测

图 3.5 　CASIA 数据库中的眼睛图像和对应的水平与垂直边缘图像

在眼睛图像中定位瞳孔和虹膜之后,就可以存储两个圆(瞳孔和虹膜)的半径和圆心坐标 x 与 y。然后,使用霍夫变换(Hough,1962)检测直线,对上下眼睑进行直线拟合,可以分离出眼睑。另一条与第一条直线相交的水平线,可以用于分离眼睑区域。

为了便于进行特征提取,需要把虹膜区域变换到极坐标系统。因为瞳孔部分没有生物特征,所以其在这个转换过程之前就被排除在外了。然后,应用极坐标变换把不同虹膜的典型特征转换到相同的空间位置。在虹膜区域中,可以使用橡胶皮模型(Daugman,1993)重新映射每一点,得到一对极坐标 (r,θ),其中 r 在区间 $[0,1]$ 内取值,θ 是角度变量,在区间 $[0,2\pi]$ 内循环取值。由下式,可以对虹膜区域的重映射进行建模(Daugman,1993),即

$$I(x(r,\theta),y(r,\theta)) \rightarrow I(r,\theta) \tag{3.14}$$

其中

$$x(r,\theta) = (1-r)x_{\mathrm{p}}(\theta) + rx_{\mathrm{i}}(\theta)$$
$$y(r,\theta) = (1-r)y_{\mathrm{p}}(\theta) + ry_{\mathrm{i}}(\theta) \tag{3.15}$$

这里,$I(x,y)$ 是虹膜区域图像,(x,y) 是原始笛卡儿坐标,(r,θ) 是相应的归一化极坐标,$(x_{\mathrm{p}},y_{\mathrm{p}})$ 和 $(x_{\mathrm{i}},y_{\mathrm{i}})$ 分别是瞳孔和虹膜边界沿 θ 方向的坐标(Daugman,1993)。

接下来,通过一个解调过程(Daugman,1993),可以把归一化的虹膜模式编码成虹膜代码。在这个解调过程中,使用二维 Gabor 小波提取相位序列,即

$$h_{\{\mathrm{Re,Im}\}} = \mathrm{sgn}_{\{\mathrm{Re,Im}\}} \iint\limits_{\rho\,\varphi} I(\rho,\varphi)\mathrm{e}^{-\mathrm{i}\omega(r_0-\rho)^2/\alpha^2}\mathrm{e}^{-(\theta_0-\varphi)}\mathrm{e}^{-(\theta_0-\varphi)^2/\beta^2}\rho\mathrm{d}\rho\mathrm{d}\varphi \tag{3.16}$$

式中:$h_{\{\mathrm{Re,Im}\}}$ 是一个复值位,它的实部和虚部的取值可以是 1 或 0,这取决于二重积分的符号;$I(\rho,\varphi)$ 是原始虹膜图像;α 和 β 是多尺度二维小波的尺度参数;ω 是小波频率;(r_0,θ_0) 是计算相位复向量位 $h_{\{\mathrm{Re,Im}\}}$ 的虹膜每个区域的坐标。图 3.6 显示了完整的虹膜代码生成过程。

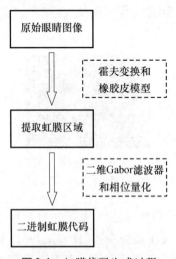

图 3.6 虹膜代码生成过程

下一步是比较两个代码字,查明它们是否代表同一个人。汉明距离法再一次适用于这个目的。这种方法的思想是两个虹膜特征向量之间的汉明距离越大,那

么它们的差异就越大。两个布尔虹膜向量之间的汉明距离定义为（Daugman，1993）

$$\text{HD} = \frac{\parallel C_A \otimes C_B \cap M_A \cap M_B \parallel}{\parallel M_A \cap M_B \parallel} \tag{3.17}$$

式中：C_A 和 C_B 为两幅虹膜图像的系数；M_A 和 M_B 为两幅虹膜图像的掩模图像；$\otimes$ 是显示相应的两位之间差异的逻辑异或运算符；$\cap$ 是显示比较的两位都没有受到噪声影响的逻辑与运算符。与其他方法一样，由于处理或距离计算中存在噪声或误差，因此即使特征点完美匹配，两幅虹膜图像也可能不完全一样。虽然如此，基于汉明距离的虹膜识别仍被认为是到目前为止最强大的生物特征识别技术之一。它们在客观存在的生物特征安全系统中的实际应用问题是数据采样、可用性和处理成本。

与人脸识别方法一样，所产生的前 n 个匹配作为输出的结果。当虹膜处理模块是多模态生物特征识别系统的一部分时，也可以考虑对这些匹配使用信息融合。然后，根据汉明距离按照升序对模板进行排序，前 n 个模板可以用作排序级融合的输入。

3.2.3　基于表观的耳朵识别

人的耳朵是一种生物特征，但是在商业应用中没有得到足够的重视，这主要是因为存在更被普遍接受的用于身份认证的生物特征，例如人脸、指纹和虹膜。然而，耳朵生物特征具有某些特性，例如可以进行图像处理（与人脸特征类似），不随时间改变，每个人的耳朵都相当独特，并且使用传统的图像采集方法可以获得（也就是说，使用摄像机或者从人脸侧影图像中提取），这些特性使得耳朵特征值得一提。

在印度新德里的印度理工学院德里分校的 IIT Delhi 耳朵图像数据库里，可以找到一些著名的耳朵图像的例子（IIT Delhi，2012）。从 2006 年 10 月到 2007 年 6 月，在印度理工学院德里分校的校园里，研究者们为这个数据库做了收集工作。在室内环境下，研究者们使用简单的成像装置，通过非接触式方法采集了全部的图像。数据库包括约 500 幅图像，已经按顺序编号，给每个用户提供了一个整数标识号码。

一些常用的耳朵识别方法着眼于耳沟和耳谷，并且使用最小化方法寻找常见的耳朵特征（类似于指纹细节匹配）（Jain，Flynn，& Ross，2007）。但是，前文描述的基于本征脸或费歇尔脸的表观方法对于耳朵识别也同样有效。因此，可以对归一化处理后的耳朵图像进行特征提取。有多种方法可以从耳朵图像中检索特征，例如基于几何距离度量和 Haar 小波变换的方法。首先，从耳朵数据库获取一幅样本均值图像，如图 3.7 所示。然后，直接对图像像素使用降维方法。能够从这些信息中提取有用特征的已知方法有最大方差展开(MVU)法、拉普拉斯本征映射(LE)法、多维尺度(MS)法或子空间聚类(SC)法(Gavrilova & Ahmadian,2011)。

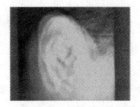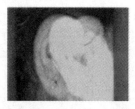

图3.7 IIT Delhi 中的耳朵样本均值图像(IIT Delhi,2012)

选择一小部分最显著的耳朵特征,作为这个步骤的结果。然后,确定用于识别目的的本征向量的适当数量。为了达到这个目的,可以考虑前 k 个本征向量(基于相应的本征值进行排序),使用一种两值之间具有低相关性的方式选择 k 的取值。对于识别阶段而言,这样处理本征向量非常重要。为了说明这个概念,图3.8 显示了通过子空间聚类降维法从原始数据得到的不同本征向量的相关率。由图3.8 可以看出,首先基于前两个本征值重建初始的三维数据,然后聚类二维投影矩阵,最后聚类三维初始数据集。

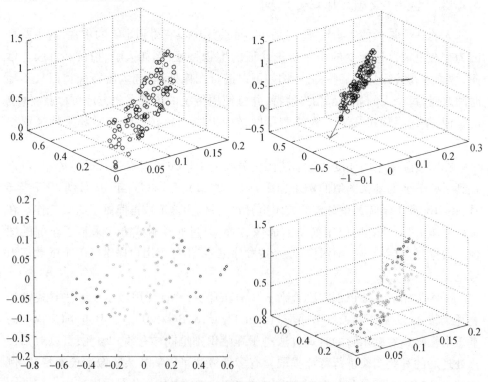

图3.8 子空间聚类中的本征向量

3.3　基于拓扑的智能模式识别

任何智能处理的目标都是最小化与执行计算相关的系统开销,同时最大化输出。同样的原则支配大多数公共和商业组织的行为——通过资源和过程优化实现高生产率。而基于表观的方法擅长在众多的高维数据中捕捉更细微的特征,有时候泛化的结果与注意的常见模式可以在不牺牲安全系统性能的情况下实现过程优化。本节将提出基于拓扑的方法,这些方法非常适用于具有显著的几何特征的生物特征数据,例如指纹或手掌生物特征。本节将首先概述基于拓扑的方法,它的理论基础是计算几何。

3.3.1　生物特征识别中的 Voronoi 图

Voronoi 图(VD)和 Delaunay 三角剖分(DT)方法,已经在许多研究领域得到了持续关注,最近其在生物特征识别领域引起重视。在论文《计算几何与生物特征识别:汇聚之路》(*Computational Geometry and Biometrics: On the Path to Convergence*)(Gavrilova,2004)于 2004 年生物特征识别技术国际研讨会上发表后的两年里,人们通过提取几何信息和应用拓扑来解决生物特征识别问题尝试显著增加。拓扑方法(包括 Voronoi 图)已经在生物特征识别领域的多个方面得到了应用研究,例如手形检测、虹膜合成、签名识别、人脸建模和指纹识别(Bebis,Deaconu,& Georiopou-lous,1999;Wang & Gavrilova,2004;Wecker,Samavati,& Gavrilova,2005;Xiao & Yan,2002)。虽然这种方法植根于计算几何领域,但是仍然存在许多问题,例如使用这种数据结构的最佳方式是什么,使用哪种拓扑信息,在什么环境中使用,如何制定实施性决策,以及性能是否比得上其他的生物特征提取方法。如何在生物特征识别应用中使用几何信息,是一个新的研究领域。Voronoi 图和 Delaunay 三角剖分是两个可以用于描述指纹拓扑结构的基本几何结构,它们被认为是用于指纹匹配目的的最一致的信息。在这里,先介绍一些基本的定义。

与某个特征相关的 Voronoi 区域,是一个与其他特征相比,更接近该特征的点集。假设点 p_1、p_2、$\cdots$、p_n 的集合为 S,Voronoi 图把空间分解成围绕每个点的区域,使得区域中围绕 p_i 的所有点比其他点离 p_i 更近(Preparata & Shamos,1985)。假设 $V(S)$ 是平面点集 S 的 Voronoi 图,考虑 $V(S)$ 的直线偶 $D(S)$,换言之,$D(S)$ 是通过在集合 S 的每一对点之间增加一条边获得的图,它的 Voronoi 区域共享一条边。$V(S)$ 中一条边的对偶是 $D(S)$ 中的一条边。$D(S)$ 是原始点集的三角剖分,称为 Delaunay 三角剖分(Preparata & Shamos,1985)。Delaunay 三角剖分是一种天然地适用于细节集对齐的数据结构,这是因为它具有一些令人信服的理由。Delaunay 三角剖分是由点集唯一确定的。插入或删除一个新点,对三角剖分通常只有局部影响,这意味着算法容忍一些不精确的细节提取技术。因为 Delaunay 三角剖分是正则三角剖分,所以 Delaunay 边通常比连接两个随机选择的细节的边更短。鉴于指纹的弹性变形,当模板图像中两点之间的距离增加时,在对应图像中匹配点对就会变得更加具有挑战性。引入基于拓扑信息的变形容错方法,似乎是处理这个问题的一个合乎逻辑且有前途的方法。最后,使用从脊线几何提取的附加的拓扑信息,或者基于除了细节集之外的奇异点,可以大大提高匹配的准确度,而计算开销小到可以忽略不计。上文提出的概念,会在下一小节进行描述,并且它已经在生物特征识别技术实验室开发的指纹识别软件中得到了完全实现(Wang,Gavrilova,Luo,& Rokne,2006)。根据这个系统与其他传统方法以及近期出现的方法的比较实验结果,可以清楚地显示出基于 Delaunay 技术的优点。同时,文献(Wang,Gavrilova,Luo,& Rokne,2006)给出了详细的数值结果。在下面的章节里,将概述指纹识别系统中使用全局和局部几何特征的基本思想。

3.3.2　基于拓扑的指纹识别

专家们一致认为,指纹匹配的主要方法通常可以分为三类:

(1) 基于相关的匹配方法(Ratha,Karu,Chen,& Jain,1996);

(2) 基于细节的匹配方法(Jain,Hong,& Bolle,1997);

(3) 基于脊线特征的匹配方法(Jiang & Yau,2000)。

在基于相关的匹配方法中,重叠两幅指纹图像,然后计算对应像素之间的相关性(Ratha,Karu,Chen,& Jain,1996)。在基于细节的匹配方法中,从两幅指纹图像中提取细节集,然后在二维平面上进行比较(Jain,Hong,& Bolle,1997)。基于脊线特征的匹配方法,是以包含方向信息的脊线几何为基础的(Jiang & Yau,2000)。细节匹配一直是最常用的方法之一,可以产生非常好的匹配结果。为了追求完美,研究者们设计出大量的用于降低 FAR(错误接受率)和 FRR(错误拒绝率)的方法,计算几何就是这样一种方法。因此,在文献(Xiao & Yan,2002)中,使用 Voronoi 图对人脸进行区域划分和面部特征提取。Bebis 等(Bebis,Deaconu,& Georiopoulous,1999)在指纹匹配中,使用 Delaunay 三角形作为比较索引。这种方法是在输入指纹图像与模板图像之间至少能够找到一个对应的三角形对的假设下工作的。遗憾的是,在实际情况中,由于指纹图像质量低、特征提取算法的性能不尽如人意或者图像畸变等原因,这种假设可能不成立。当模板图像中两点之间的距离增加时,指纹匹配的另一个问题就会凸显。在对应的图像中,匹配点对变得更加具有挑战性。例如,文献(Kovacs – Vajna,2000)表明,小于 10% 的局部变形会导致整体变形达到边缘长度的 45% 。为了处理这些缺陷,加拿大卡尔加里大学生物特征识别技术实验室已经开发了全局与局部指纹匹配和应用径向基函数进行变形建模相结合的方法(Wang & Gavrilova,2005;Wang,Gavrilova,Luo,& Rokne,2006)。下面简要介绍这种方法的主要思想。

　　这种方法把 Delaunay 三角剖分的几何不变量特征用于指纹的细节匹配和奇异点比较。它作为指纹识别系统整体的一部分得到了实现,并且显示可以抗弹性变形。细节匹配算法是以经典的指纹匹配技术为基础的,在算法实现过程中使用了 Delaunay 三角剖分方法。使用 Delaunay 三角剖分会带来独特的挑战和优势。首先,选择 Delaunay 边而不是细节或整体细节三角形作为匹配索引,为比较两个指纹提供了一种更容易的方法。其次,这种方法与变形模型相结合,在指纹弹性变形的情况下,有助于保持结果的一致性。最后,为了提高匹配性能,引入了基于空间关系和脊线几何属性的特征,并进一步与来自奇异点集和细节集的信息相结合,提高匹配精度。

　　指纹辨识的目的是确定两个指纹是否来自同一根手指。为了达到这个目的,输入的指纹需要与由其细节模式表示的模板指纹对齐。可以执行下面的刚性变换,即

$$F_{s,\Delta\theta,\Delta x,\Delta y}\begin{pmatrix} x_{\text{templ}} \\ y_{\text{templ}} \end{pmatrix} = s\begin{pmatrix} \cos\Delta\theta & -\sin\Delta\theta \\ \sin\Delta\theta & \cos\Delta\theta \end{pmatrix}\begin{pmatrix} x_{\text{input}} \\ y_{\text{input}} \end{pmatrix} + \begin{pmatrix} \Delta x \\ \Delta y \end{pmatrix} \tag{3.18}$$

其中,$(s,\Delta\theta,\Delta x,\Delta y)$ 表示一组刚性变换参数(尺度、旋转、平移)。在简单的仿射变换下,经过旋转 $\Delta\theta$ 和平移 $(\Delta x,\Delta y)$ 之后,一个点可以变换到与之对应的点。

　　算法包括三个独特的阶段。在第一阶段,使用 Delaunay 三角剖分辨识特征模式。在第二阶段,使用径向基函数(RBF)构建手指变形模型和对齐图像。在最后一个阶段,根据从脊线几何提取的附加拓扑信息,使用全局匹配计算综合匹配分数。图3.9 是通用的指纹辨识系统的流程图。

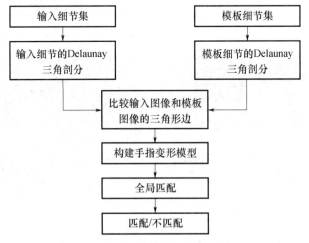

图3.9 通用的指纹辨识系统的流程图
(Wang,Gavrilova,Luo,& Rokne,2006)

设 $\boldsymbol{Q} = ((x_1^Q,y_1^Q,\theta_1^Q,t_1^Q)\cdots(x_n^Q,y_n^Q,\theta_n^Q,t_n^Q))$ 表示输入图像的 n 个细节的集合,其中 (x,y) 是细节的位置,θ 是细节的方向场,t 是细节类型,即脊线末梢或脊线分支点;设 $\boldsymbol{P} = ((x_1^P,y_1^P,\theta_1^P,t_1^P)\cdots(x_m^P,y_m^P,\theta_m^P,t_m^P))$ 表示模板图像的 m 个细节的集合。

表 3.1 显示了可以用于指纹局部匹配和全局匹配的拓扑特征。在表 3.1 中,*Length* 是边的长度,θ_1 是边与第一个细节点处的方向场之间的角度,*Type₁* 表示第一个细节的细节类型,*Ridge count* 是两个细节点跨过的脊线的数量。使用三角形的边作为比较索引,具有很多优点。对于局部匹配而言,一旦求出细节集 Q 和 P 的 Delaunay 三角剖分,就可以在匹配判定中使用三角形的边作为比较索引。为了比较两条边,使用了 *Length*、θ_1、θ_2、*Type₁*、*Type₂* 和 *Ridge count* 参数。需要注意的是,在表 3.1 中,这些参数具有平移和旋转不变性。判断两条边是否匹配的条件,是由一组线性不等式确定的,取决于上述参数和指定的阈值(通常根据图像大小和质量凭经验得到)。可以在文献(Wang & Gavrilova,2004)里找到满足这样条件的一组样本集。如果阈值选取成功,那么变换 $(\Delta\theta,\Delta x,\Delta y)$ 就被用于对齐输入图像和模板图像。下面介绍使用 Delaunay 三角剖分的指纹匹配实现方法。如果输入图像的边与模板图像的两条边匹配,那么需要考虑这条三角形的边属于哪一个三角剖分,并比较三角形对。对于一定范围内的平移和旋转差量,需要在变换空间里检测峰值,并且在变换空间里记录相邻峰值的变换。需要注意的是,那些记录的变换彼此接近,但是并不完全相同。图 3.10 显示了成功匹配的 Delaunay 三角形边对。

表 3.1　用于指纹图像匹配的 Delaunay 三角剖分的拓扑性质

特征	字段					
细节点	x(Y)	y(Y)	θ(Y)	*Type*(N)		
三角形边	*Length*(N)	θ_1(N)	θ_2(N)	*Type₁*(N)	*Type₂*(N)	*Ridge count*(N)

注:Y 表示依赖于指纹变换,N 表示不依赖于指纹变换。

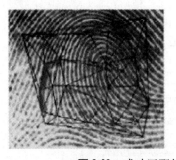
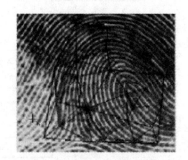

图 3.10　成功匹配的 Delaunay 三角形边对

变形问题是由手指固有的灵活性产生的。手指压在平面上,会引入需要考虑的畸变。性能优良的指纹辨识系统,应该一直具有补偿这种变形的功能。文献(Wang & Gavrilova,2005)提出了一个针对局部、区域和全局的指纹变形的量化与建模的框架。这种方法是以使用径向基函数(RBF)为基础的,对于变形行为建模的问题而言,是一种实用的解决方案(Cappelli,Maio,& Maltoni,2001)。对指纹匹配算法来说,变形问题可以描述成已知细节集的特定控制点的一致变换,并且已知如何给不是控制点的其他细节插入变换。假设两幅图像的一组对应点(控制点)的坐标为: $\{(x_i,y_i),(u_i,v_i):i=1,\cdots,n\}$,由两个分量 $f_x(x,y)$ 和 $f_y(x,y)$ 确定函数 $f(x,y)$,即

$$u_i = f_x(x_i,y_i),$$
$$v_i = f_y(x_i,y_i), \quad i = 1,\cdots,n \tag{3.19}$$

刚性变换可以分解为平移和旋转,如式(3.18)所示。在二维空间里,可以使用简单的仿射变换表示刚性变换,即

$$f_k(\vec{x}) = a_{1k} + a_{2k}x + a_{3k}y, \quad k = 1,2 \tag{3.20}$$

式中: $\vec{x} = (x,y)$。

在线性系统里,可以通过已知方法求解刚性变换中的三个未知系数。当把输入图像的变换表示为刚性变换时,可以对两幅图像进行对齐,如图3.11(a)、图3.11(b)所示。输入图像与模板图像之间的匹配细节对的最大数量是6,如图3.11(c)所示。圆圈表示输入图像变换后的细节,方块表示模板图像的细节。已知输入图像中细节(控制点)的变换,使用径向基函数(Cappelli,Maio,& Maltoni,2001)给图3.11(d)所示的非刚性变形建模,由此产生的匹配细节对的数量是10。

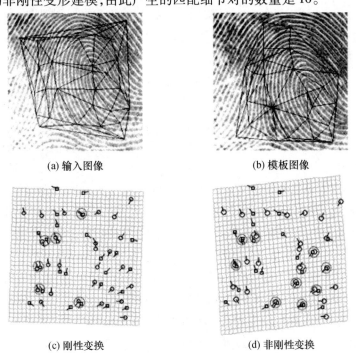

(a) 输入图像　　　　　　　　　　(b) 模板图像

(c) 刚性变换　　　　　　　　　　(d) 非刚性变换

图3.11　指纹匹配中的刚性变换

执行局部匹配算法并把变形模型应用于细节集之后,就可以获得全部的细节配对与匹配的数量。如果两个细节在辨识后落入相同的偏差范围,那么它们就被定义为一对。可以通过实验确定偏差阈值,它与真实系统运行状态有关。

有时候,为了提高系统的准确度和鲁棒性,可以把附加特征与细节结合使用。除了边和三角形之外,还可以使用基于脊线的空间关系与几何属性的附加特征,因此会产生更智能、更可靠的指纹识别方法。使用其他距离函数确定阈值,可能是未来的研究方向之一。

3.4 基于模型的行为生物特征识别

通常情况下,行为生物特征识别中的识别模式与生理生物特征识别中的识别特征相比较,两者略有不同,并且前者是稍微更复杂的问题。行为生物特征包括签名、语音、步态和键盘击键方式。由于每一种生物特征都具有时间动态特性(为了获得最佳匹配结果,观测的样本必须具有周期性),因此通常使用一类信号处理方法解决这些问题。简言之,根据仔细检查发现,任务和整个生物特征识别系统架构保持不变,只是开发了一些利用那些生物特征的独特连续性的非常专业的方法(Wayman,Jain,Maltoni,& Maio,2006)。下文将举例说明步态分析的概念。步态分析的任务,是分析步行运动的模式。步态分析的基础性工作归功于 Johansson,他研究发现,仅通过观察附着在运动人体上的点光源的运动模式,就能够快速地识别步行运动(Johansson,1973)。在这个研究工作的鼓舞下,Cutting 和 Kozlowski 证明了可以使用同样的点光源阵列识别受试者,即使他们碰巧具有相似的身高、胖瘦和体型(Cutting & Kozlowski,1977)。考虑到步态分析的各种各样的潜在应用,这些研究给在这个领域的进一步的深入研究打开了大门。步态分析在访问控制、监视和活动监控中的应用是众所周知的,同时它也可以用于运动训练,即分析运动员的动作,并给出改进的建议。步态分析技术还可以用于医学诊断,治疗某些有行走障碍的患者。

与其他生物特征识别技术一样,步态分析的重点是根据人们的走路姿势识别他们,或者称为步态识别。由于步态识别具有一组独特且有趣的属性,因此它最近吸引了更多的关注。这种特征不引人注目,意味着采集数据时不需要受试者的关注或配合。与许多其他生物特征识别技术不同,步态识别不需要专门设计的硬件。对于数据采集来说,一台监控摄像机就足够了。可以公开或隐蔽地进行数据采集,也就是说,可以在受试者知道或不知道的情况下进行数据采集。而且,这种特征是远程可观测的,受试者甚至不需要靠近摄像机(Wang,2005)。与其他生物特征识别技术相比,这两个属性使数据采集过程更方便。另外,模仿别人的走路姿势可能相当困难。而且,很难掩饰自己的走路姿势(Liu & Zheng,2007),当人们尝试以不同的姿势走路时,可能会被识破。最后,步态识别技术通常不需要高分辨率的视频 (Wang,She,Nahavandi,& Kouzani,2010),并且由于它们处理的是二值剪影图像, 因此对光照变化不是非常敏感,甚至可以在夜间使用(Cuntoor,Kale,& Chellappa, 2003)。

　　然而,与其他生物特征识别技术一样,步态识别也受到一些限制和挑战。年龄、情绪、疾病、疲劳、药物或饮酒,这些因素都能够影响人们的走路姿势。鞋子的款式、路面状况和能见度也能影响人们的走路姿势。另外,改变人们外貌的任何因素,例如戴着帽子、提着手提箱、穿着宽松的衣服,都可以对步态识别技术的性能产生不利影响。虽然时域信号处理和基于模型的方法能够获得许多对成功识别来说必不可少的特征,但有时这是不够的。总之,与其他生物特征识别技术相比,使用步态进行个体辨识的主要缺点是每名受试者的步态都具有很大的可变性。因此,新的理念是改进不完善的生物特征识别技术,例如在步态识别中使用附加的基于情景的分析方法,可以显示从数据样本到社交情景的更强的连接,而这些数据样本正是从社交情景中获得的。第 10 章将介绍这个令人兴奋的研究领域。

3.5　本章小结

　　本章介绍了在生物特征数据处理中常用的各种图像处理方法与算法。就现今使用的大多数生物特征标识来说,大多数标识的图像是生物特征识别系统的输入。因此,对生物特征识别系统的高效和可靠的性能而言,生物特征图像处理是非常必要的。通常,用于生物特征图像处理的主要方法有数字化、压缩、增强、分割、特征测量、图像表示、图像模型和设计方法。特征提取方法被划分为两类,即基于表观的方法和基于拓扑特征的方法,并用不同的生物特征识别的例子进行了说明。首先介绍了用于人脸和耳朵生物特征识别的本征向量和费歇尔脸方法,然后讨论了针对指纹图像进行特征匹配的新颖的基于 Voronoi 图的方法。本章以讨论用于行为生物特征识别的基于情景的识别方法的重要性作为结论。

　　与任何生物特征识别研究一样,有一些新兴的研究方向,作者认为它们会在不久的将来成为主流的研究方向。其中的一个研究方向是在生理和行为生物特征识别中使用认知智能和自适应学习方法。例如,匹配方法和从原始数据中提取的特征将依赖于应用环境、系统运行的特殊要求和数据集。使用特定的生物特征数据训练,将有利于提高识别率,最小化数据获取或处理中噪声与缺陷的影响。而且,现今存在的大多数生物特征识别系统显示,系统设计不再是传统的(串行或并行)架构,而是越来越像人类大脑的认知过程和由真正的人做出的决定。正因为如此,神经网络、模糊逻辑和认知结构将在生物特征识别研究领域发挥越来越重要的作用。

为了不断追求更好的识别方法,现在准备考虑生物特征识别的最近的另一个研究方向,它专注于开发生物特征识别系统的多模态方法。

参 考 文 献

Bartlett M S, Movellan J R, Sejnowski T J. (2002). Face recognition by independent component analysis. IEEE Transactions on Neural Networks, 13(6), 1450 – 1464. doi: 10. 1109/TNN. 2002. 804287 PMID: 18244540.

Baudat G, Anouar F. (2002). Generalized discriminant analysis using a kernel approach. Neural Computation, 12(10), 2385 – 2404. doi: 10. 1162/089976600300014980 PMID: 11032039.

Bebis G, Deaconu T, Georiopoulous M. (1999). Fingerprint identification using Delaunay triangulation. In Proceedings of ICIIS99, (pp. 452 – 459). ICIIS.

Belhumeur P, Hespanha J, Kriegman D. (1997). Eigenfaces vs. fisherfaces: recognition using class specific linear projection. IEEE Transactions on Pattern Analysis and Machine Intelligence, 19(7), 711 – 720. doi: 10. 1109/34. 598228.

Cappelli R, Maio D, Maltoni D. (2001). Modelling plastic distortion in fingerprint images. Lecture Notes in Computer Science, 2013, 369 – 376. doi: 10. 1007/3 – 540 – 44732 – 6_38.

Cuntoor N, Kale A, Chellappa R. (2003). Combining multiple evidences for gait recognition. In Proceedings of the 2003 International Conference on Multimedia and Expo, (pp. 113 – 116). IEEE Computer Society.

Cutting J K, Kozlowski L K. (1977). Recognizing friends by their walk: gait perception without familiarity cues. Bulletin of the Psychonomic Society, 9(5): 353 – 356.

Daugman J. (1993). High confidence visual recognition of persons by a test of statistical independence. IEEE Transactions on Pattern Analysis and Machine Intelligence, 15, 1148 – 1161. doi: 10. 1109/34. 244676.

Daugman J. (2004). How iris recognition works. IEEE Transactions on Circuits and Systems for Video Technology, 14(1), 21 – 30. doi: 10. 1109/TCSVT. 2003. 818350.

Delhi I I T. (2012). Ear database. Retrieved from http://www4. comp. polyu. edu. hk/ ~ csajaykr/IITD/Database_Ear. htm

Gabor D. (1946). Theory of communication. Journal of the Institute of Electrical Engineers of Japan, 93, 429 – 457.

Gavrilova M. (2004). Computational geometry and biometrics: on the path to convergence. In Proceedings of the International Workshop on Biometric Technologies 2004, (pp. 131 – 138). Calgary, Canada: IEEE.

Gavrilova M L, Ahmadian K. (2011). Dealing with biometric multi – dimensionality through novel chaotic neural network methodology. International Journal of Information Technology and Management, 11(1 – 2), 18 – 34.

Gavrilova M L, Monwar M M. (2009). Fusing multiple matcher's outputs for secure human identification. International Journal of Biometrics, 1(3), 329 – 348. doi: 10. 1504/IJBM. 2009. 024277.

Hamming R W. (1950). Error detecting and error correcting codes. The Bell System Technical Journal, 29(2), 147 – 160.

Hough P V C. (1962). Method and means for recognizing complex patterns. US Patent 3069654. Washington, DC: US Patent Office.

Jain A K, Flynn P, Ross A A. (2008). Handbook of biometrics. New York, NY: Springer.

Jain A, Hong L, Bolle R. (1997). On – line fingerprint verification. IEEE Transactions on Pattern Analysis and Machine Intelligence, 4, 302 – 313. doi: 10. 1109/34. 587996.

Jiang X, Yau W – Y. (2000). Fingerprint minutiae matching based on the local and global structures. In Proceedings of the 15th International Conference on Pattern Recognition (ICPR, 2000), (vol. 2, pp. 1038 – 1041). ICPR.

Johansson G. (1973). Visual perception of biological motion and a model for its analysis. Perception & Psychophysics, 14(2),201 – 211. doi:10. 3758/BF03212378.

Kim K I,Jung K,Kim H J. (2002). Face recognition using kernel principal component analysis. IEEE Signal Processing Letters,9(2),40 – 42. doi:10. 1109/97. 991133.

Kovacs – Vajna Z,Miklos A. (2000). Fingerprint verification system based on triangular matching and dynamic time warping. IEEE Transactions on Pattern Analysis and Machine Intelligence, 22 (11), 1266 – 1276. doi: 10. 1109/34. 888711.

Liu J,Zheng N. (2007). Gait history image:a novel temporal template for gait recognition. In Proceedings of the 2007 IEEE International Conference on Multimedia and Expo,(pp. 663 – 666). Beijing,China:IEEE.

Lu J,Plataniotis K N,Venetsanopoulos A N. (2003). Face recognition using LDA – based algorithms. IEEE Transactions on Neural Networks,14(1),195 – 200. doi:10. 1109/TNN. 2002. 806647 PMID:18238001.

Phillips P J. (1998). Support vector machines applied to face recognition. Advances in Neural Information Processing Systems,11,113 – 123.

Preparata F,Shamos M. (1985). Computational geometry:an introduction. Berlin,Germany:Springer. doi:10. 1007/978 – 1 – 4612 – 1098 – 6.

Ratha N K,Karu K,Chen S,Jain A. (1996). A real – time matching system for large fingerprint databases. IEEE Transactions on Pattern Analysis and Machine Intelligence,18(8),799 – 813. doi:10. 1109/34. 531800.

Rowley H A,Baluja S,Kanade T. (1998). Neural network – based face detection. IEEE Transactions on Pattern Analysis and Machine Intelligence,20(1),23 – 38. doi:10. 1109/34. 655647.

Soledek J,Shmerko V,Phillips P,Kukharevl G,Rogers W,Yanushkevich S. (1997). Image analysis and pattern recognition in biometric technologies. In Proceedings of International Conference on the Biometrics:Fraud Prevention,Enhanced Service,(pp. 270 – 286). Las Vegas,NV:IEEE.

Turk M,Pentland A. (1991). Eigenfaces for recognition. Journal of Cognitive Neuroscience,3(1),71 – 86. doi: 10. 1162/jocn. 1991. 3. 1. 71.

Vacca J R. (2007). Biometric technologies and verification systems. Burlington,MA:Butterworth – Heinemann.

Wang C,Gavrilova M L. (2004). A multi – resolution approach to singular point detection in fingerprint images. In Proceedings of the International Conference of Artificial Intelligence,(vol. 1,pp. 506 – 511). IEEE.

Wang C,Gavrilova M L. (2005). A novel topology – based matching algorithm for fingerprint recognition in the presence of elastic distortions. In Proceedings of International Conference on Computational Science and its Applications,(vol. 1,pp. 748 – 757). Springer.

Wang C – H. (2005). A literature survey on human gait recognition techniques. Directed Studies EE8601. Toronto, Canada:Ryerson University.

Wang C,Gavrilova M,Luo Y,Rokne J. (2006). An efficient algorithm for fingerprint matching. In Proceedings of International Conference on Pattern Recognition,(pp. 1034 – 1037). IEEE.

Wang J,She M,Nahavandi S,Kouzani A. (2010). A review of vision – based gait recognition methods for human identification. In Proceedings of the 2010 Digital Image Computing:Techniques and Application,(pp. 320 – 327). Piscataway,NJ:IEEE.

Wayman J,Jain A,Maltoni D,Maio D. (2006). Biometric systems:technology,design and performance evaluation. Berlin, Germany:Springer – Verlag.

Wecker L,Samavati F,Gavrilova M. (2005). Iris synthesis:a multi – resolution approach. In Proceedings of 3rd International Conference on Computer Graphics and Interactive Techniques in Australasia and South East Asia, （pp. 121 – 125）. IEEE.

Xiao Y, Yan H.（2002）. Facial feature location with delaunay triangulation/Voronoi diagram calculation. In Feng D D, Jin J, Eades P, Yan H（Eds. ）, Conferences in Research and Practice in Information Technology,（pp. 103 – 108）. ACS.

Yanushkevich S N, Wang P S P, Gavrilova M L, Srihari S N.（2007）. Image pattern recognition: synthesis and analysis in biometrics. New York, NY: World Scientific Publishing Company.

Zhang D.（2004）. Palmprint authentication. Berlin, Germany: Springer.

第 2 部分

多模态生物特征识别中的信息融合

第 4 章

多模态生物特征识别系统和信息融合

集成不同来源的各种信息,称为信息融合,它是设计含有多个生物特征来源的生物特征识别系统的主要因素之一。本章将在多模态生物特征识别系统的背景下,讨论各种信息融合方法。通常,多模态生物特征识别系统中的信息,可以在传感器级、特征级、匹配分数级、排序级和决策级进行整合。另外,还有一种新兴的融合方法,即日益普及的模糊融合法。模糊融合与输入的质量或者系统的所有组件的质量有关联。本章将讨论几个相关的难题,例如根据应用领域选择适当的融合方法,系统运行参数的全自动设置与用户自定义设置之间的平衡,确定模糊融合的控制规则和权重分配。

4.1 引言

最佳的生物特征识别系统拥有诸多属性,如特殊性、普遍性、永久性、可接受性、可采集性和安全性。在绪论一章中已经提到,现有的生物特征安全系统没有一个能够同时满足所有这些要求。在过去的几十年里,尽管在该领域取得了巨大进步,但是研究者们注意到,单一的生物特征可能不会总是满足安全系统的要求,但是不同生物特征属性的组合将会满足要求。关键是把数据和从单独的(单模态)生物特征识别系统接收的响应做出的智能决策进行融合。

因此,多模态生物特征识别系统作为一种新颖且非常有前途的生物特征知识表达方法出现了,力图通过整合多个生物特征属性提供的证据,克服单一生物特征匹配器的问题(Ross,Nandakumar,& Jain,2006)。例如,多模态系统可以使用人脸识别和签名进行身份认证。在苛求安全性的应用中,由于要求安全解决方案具有可靠性和高效性,因此在过去的十年里,多模态生物特征识别系统已经发展成为传统单模态安全系统的可行的替代系统。

4.2 多模态生物特征识别系统的优点

与单模态系统相比,多模态生物特征识别系统有诸多优点,这主要是因为多模态生物特征识别系统使用了多个信息源。图 4.1 显示了一个多模态生物特征识别系统的范例。多模态生物特征识别系统的最突出的优点是增强且可靠的识别性能、较少的注册问题和增强的安全性(Ross & Jain,2004)。

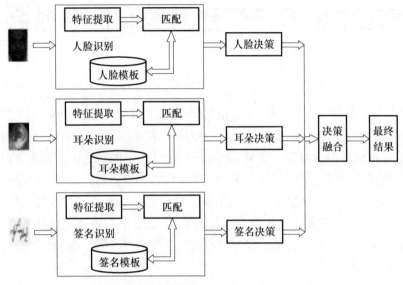

图4.1 多模态生物特征识别系统架构的范例

4.2.1 增强且可靠的识别性能

在验证和辨识模式中,多模态系统需要更大程度地保证适当的匹配(Hong & Jain,1998)。当多模态生物特征识别系统使用多个生物特征时,那些特征中的每一个都能够提供任何身份声明的真实性的额外证据。例如,同一家庭的两个人(或者恰巧是两个不同的人)的步态(运动模式)可能是相似的。在这种情况下,只基于步态模式分析的单模态生物特征识别系统可能会导致错误识别。如果同样的生物特征识别系统还包括指纹匹配,那么这样的系统会促使识别率上升,这是因为两个不同的人具有相同的步态和指纹模式的概率极低。

在多模态生物特征识别系统中,增强且可靠的识别性能的另一个例子,是能够有效地处理含噪数据或低质量数据。当从单一特征获得的生物特征信息由于噪声而不可靠的时候,其他可用的特征仍然可以让系统在安全方式下工作。例如,在基于人脸和语音的多模态生物特征识别系统中,如果个人的语音信号因噪声而不能被准确地测量,那么面部特征可以用于身份认证。

4.2.2 较少的注册问题

多模态生物特征识别系统可以解决非普适性问题,其中包括一部分人的生物特征缺失或者不适用于识别,因此能够显著地降低注册失败率(Frischholz & Dieckmann,2000)。依靠系统设计,一些多模态生物特征识别系统甚至可以在缺少其中一种生物特征样本的情况下执行匹配。例如,在基于指纹和人脸的多模态系统中,某个人(例如木匠)由于指纹有疤痕,因此不能在系统里注册他的指纹信息。在这种情况下,多模态系统使用那个人的面部特征,仍然可以进行身份认证。而且,如果某些特征可以从指纹中提取(由于手指受伤,因此并非所有特征),那么这些特征仍然可以用于提高准确率或者最终决策的可信度。

4.2.3　增强的安全性

多模态生物特征识别系统使假冒者更难伪造合法注册人的生物特征。欺骗攻击是指一个人通过使用偷来的身份或者虚假信息,假装是另一个人。例如,研究者演示了如何创建假指纹,其中有一些假指纹能够成功地绕过商品化的指纹识别系统的安检(Matsumoto,Matsumoto,Yamada,& Hoshino,2002)。多模态系统的优点是假冒者需要同时伪造多个生物特征,这将更加具有挑战性。

多模态生物特征识别系统也可以作为一个容错系统。例如,即使当某些生物特征识别模块停止工作时(由于传感器故障、软件问题、样本数据不可用或质量极低),多模态系统仍然可以执行它们的功能,并输出相对可靠的结果。另一方面,获得的数据的质量越高,多生物特征识别系统的总准确率通常会变得越好。

4.3　多生物特征识别系统的开发问题

开发用于安全目的的多生物特征识别系统,并不是一项简单的任务。就单模态系统来说,数据采集过程、信息来源、期望的准确度级别、系统鲁棒性、用户培训、数据保密、对于硬件的正常运行和适当的操作程序的依赖性,这些都直接影响安全系统的性能。而使用多个数据源可以缓解一些问题(例如含噪数据、缺失样本、采集错误和电子欺骗等),但是这种优点不是免费的。必须选择需要集成或融合的生物特征信息,确定信息融合方法,还需要进行成本与效益分析,开发处理流程,以及培训系统操作员。

后续章节将在多生物特征识别系统的背景下,特别关注这些问题。

4.3.1　便于数据采集过程

基于多生物特征识别的安全系统的关键设计问题之一,是设计一个方便的系统接口,确保有效地采集生物特征信息。正如文献(Oviatt,2003)所述,"一个设计得当的接口,能够保证在可靠地获取属于个人身份的多个证据的同时,把给用户带来的不便降至最低"。例如,在一个基于人脸、耳朵和指纹的多模态生物特征识别系统中,如果用户需要分别提供这三种生物特征标识,那会很不方便。相反,如果能够同时(或一站式)获取三种生物特征标识,那么可能对用户更方便。遗憾的是,到目前为止,与生物特征识别系统进行人机交互的研究工作非常少。

4.3.2 信息来源

多生物特征识别系统是以多个生物特征信息源为基础的。多种生物特征信息可以来自多个标识,也可以来自单一标识但有多个样本或实例,或者来自两者的组合(Ross,Nandakumar,& Jain,2006)。在这样的系统中,生物特征信息源取决于多种因素,包括应用的必要性和场景、生物特征信息的可用性、与生物特征信息采集过程相关的成本、模式匹配与信息融合算法的选择。

4.3.3 生物特征信息的选择

从采集原始数据的初始阶段到获得最终匹配或不匹配决策的最后阶段,可以在各个阶段进行生物特征信息集成(或融合)。在多生物特征识别系统中,提取的特征、匹配分数或最终的排序列表,所有这些都可以进行集成。多生物特征识别系统设计的重要决定之一,是哪些信息需要融合(Ross, Nandakumar, & Jain,2006)。通常,集成取决于应用场合与信息的可用性。例如,在一些多生物特征识别系统(特别是在商品化的生物特征安全系统)中,只可以得到最后的决策。在这种情况下,这些多生物特征识别系统只能进行决策融合。

4.3.4 信息融合方法

对于多生物特征识别系统中所有类型的信息融合来说,存在几种可供选择的可用算法(Ross,Nandakumar,& Jain,2006)。例如,为了获得共识排序列表,初始的排序列表(在输入图像与模板图像匹配之后得到)可以通过最高序号法、波达计数法、逻辑回归法、贝叶斯方法、模糊方法或马尔可夫链方法进行集成。需要采取何种方法,取决于系统的设计者、方法的先前表现和系统的鲁棒性要求。

4.3.5 成本与效益

与基于单一生物特征的安全系统相比,多生物特征识别系统开发的弊端之一是成本较高。因此,在准备研发多模态生物特征识别方法之前,必须分析通过开发多生物特征识别系统可以获得的潜在效益。成本取决于传感器的配置数量、采集生物特征数据的耗时、用户或系统操作员的经验,以及系统维护(Ross, Nandaku-mar, & Jain,2006)。

4.3.6　处理流程

多生物特征识别系统设计的另一个重要问题是系统的采集或数据处理将如何发生(Ross，Nandakumar，& Jain，2006)。必须预先决定应该按照顺序依次采集或处理数据，或者通过并行的方式采集或处理数据。通常，有两种可供选择的数据采集流程。在串行数据采集过程中，按照顺序采集多生物特征数据，间隔时间很短(Ross，Nandakumar，& Jain，2006)。在并行数据采集过程中，所有的多生物特征数据并行采集，这使得系统比串行数据采集系统更快(Ross，Nandakumar，& Jain，2006)。

在数据处理阶段，任何多生物特征识别系统都可以使用并行模式或级联模式。在级联模式中，生物特征数据处理是按照顺序依次发生的；而在并行生物特征数据处理中，同时处理全部生物特征数据，并用于身份认证过程(Ross，Nandakumar，& Jain，2006)。

图 4.2 说明了多生物特征安全系统的级联处理流程，图 4.3 说明了多生物特征安全系统的并行处理流程。

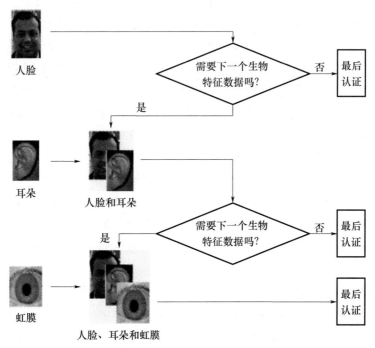

图 4.2　多模态生物特征数据处理流程：级联模式
(Ross，Nandakumar，& Jain，2006)

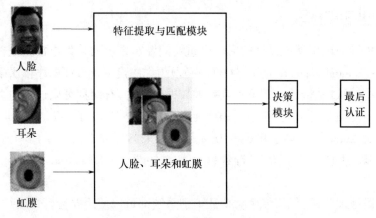

图 4.3　多模态生物特征数据处理流程:并行模式

(Ross,Nandakumar,& Jain,2006)

4.4　多生物特征识别系统的信息源

对于一些应用来说,身份认证时可以使用额外的非生物特征信息源,然而在另一些应用中,使用单一的生物特征不够安全,或者没有提供用户群体的足够的覆盖范围(Bolle,Connell,Pankanti,Ratha,& Senior,2004)。这可以使用像注册失败率这样的参数来表示。因此,多生物特征识别系统是以一种能够在那些情况下提供更安全、更可靠的身份认证系统的方式出现的(Bolle, Connell, Pankanti, Ratha, & Senior,2004)。

必须指出,术语"多模态生物特征识别系统"和"多生物特征识别系统"在文献中存在微小差异。术语"多模态生物特征识别系统",专指那些使用多种生物特征模态的生物特征识别系统(Ross,Nandakumar,& Jain,2006)。术语"多生物特征识别系统"更为通用,包括了多模态系统和一些其他形式的系统,例如只使用一种生物特征模态,但是具有不同的样本实例或算法的系统(Soltane,Doghmane,& Guersi,2010)。

多个传感器－一种生物特征:在这些系统中,使用不同的传感器采集相同生物特征模态的不同表现形式,提取不同的信息(Ross,Nandakumar,& Jain,2006)。例如,生物特征识别系统可以使用二维、三维或红外人脸图像进行身份认证。因为这些系统只考虑一种生物特征,所以当特定的生物特征缺失或者不合适时,多重采集的性能优势将是微乎其微的。

多个实例－一种生物特征:在这些系统中,使用相同生物特征的多个实例进行身份认证(Ross,Nandakumar,& Jain,2006)。例如,受试者的左右眼图像可以用于视网膜识别系统。因为可以使用相同的传感器或相同的特征提取与匹配算法,所以这些系统是有成本效益的。

多种算法 – 一种生物特征:这些系统使用一种生物特征,但是使用多种匹配算法(Ross,Nandakumar,& Jain,2006)。例如,对于相同的人脸图像集,系统可以使用本征脸匹配算法和 Voronoi 图匹配算法,然后综合两者的结果。这些系统也会受到低质量数据的影响。

单一传感器的多个样本 – 一种生物特征:这些系统进行身份认证时,尽管只有单一的传感器,但是使用了相同生物特征的多个样本(Ross,Nandakumar,& Jain,2006)。例如,单一的传感器可以用于采集一名受试者的各种面部表情图像,然后使用这名受试者的所有可用的人脸图像,通过一种拼接方案,构建一幅合成的人脸图像。

多种生物特征:这些系统使用多种生物特征,因此被称为多模态系统。例如,生物特征识别系统可以使用人脸和语音进行身份认证。由于需要新的传感器和开发新的用户界面,因此配置这些系统的成本大幅度提高(Soltane,Doghmane,& Guersi,2010)。使用更多的特征,可以提高辨识准确度。这些系统还可以最大化生物特征样本之间的独立性,因此质量差的生物特征不会影响使用其他特征进行身份认证。

多个令牌:典型的身份认证系统包括一个或多个与持有令牌或知识令牌一样的生物特征标识(Bolle,Connell,Pankanti,Ratha,& Senior,2004)。例如,持有令牌和知识令牌可以是身份证和密码。

混合系统:为了实现鲁棒认证,这些系统使用上文讨论的多个方案(Ross,Nandakumar,& Jain,2006)。例如,在同一个基于人脸和虹膜的多模态生物特征识别系统中,可以使用两种虹膜图像匹配算法和三种人脸图像匹配算法。在生物特征识别中,混合算法的理念不是新事物。当基于表观的方法与基于拓扑的方法都用于增强识别时,它们在单一生物特征识别系统中获得了成功应用。例如,基于 Voronoi 图的指纹识别系统在做最终的识别决策时,既依靠几何性质(例如三角形边的长度),又依靠拓扑性质(例如脊线模式比较)(Wang & Gavrilova,2005)。

图 4.4 说明了各种生物特征来源。

4.5　信息融合

信息融合可以被定义为“一种为了实现对参数、特性、事件和行为的精确估计,联系、关联和组合来自单个或者多个传感器或信号源的数据与信息的信息处理”(Llinas,Bowman,Rogova,Steinberg,Waltz,& White,2004)。与可靠的信息源相比,

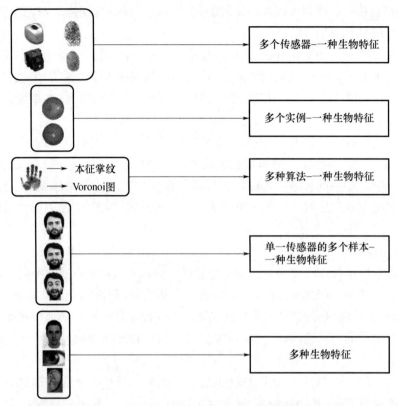

多个传感器—一种生物特征

多个实例—一种生物特征

多种算法—一种生物特征

单一传感器的多个样本—一种生物特征

多种生物特征

图 4.4 多生物特征识别系统的可能信息源

不太可靠的信息源产生的影响,可以通过良好的信息融合方法来降低。信息融合在许多不同的研究领域得到了应用,这些研究领域包括机器人技术、图像处理、模式识别和信息检索等。于是,在过去的十年里,因为信息融合对大量不同的研究领域的影响,所以信息融合使自身成为一个独立的研究领域。例如,"数据和特征融合"的概念最初出现在多传感器处理中。实际上,长期以来,信息融合一直用于工程和信号处理领域,以及决策制定和专家系统。到目前为止,在其他几个研究领域中也发现了它的应用是有益的。除了在机器人技术、图像处理和模式识别中的比较经典的数据融合方法之外,已经知道信息检索也整合多个信息源(Wu & Mc-Clean,2006)。图4.5显示了在系统的早期阶段融合源信息的信息融合系统的基本组成框图。

分类器和决策融合的起源可以追溯到1965年发表的神经网络文献,该文献提出了整合神经网络输出的方法(Tumer & Gosh,1999)。此后,它的应用扩展到其他领域,如经济学中的组合预测,机器学习中的证据组合,以及信息检索中的网页排序融合(Wu & McClean,2006)。从数据、分类器和决策融合的早期应用以来,研究者们一直在探索哪个级别的信息融合是首选方法,更笼统地说,如何设计一个用于

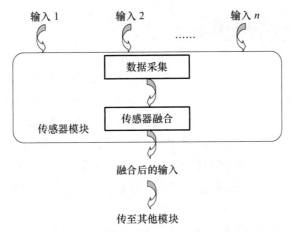

图 4.5　传感器信息融合系统框图

多媒体处理系统的最优的信息融合策略（Kludas, Bruno, & Marchand – Maillet, 2008）。有很多使用分类器融合的例子,包括多媒体检索（Wu, Chang, Chang, & Smith, 2004）、多模态目标识别（Wu, Cohen, & Oviatt, 2002）、多生物特征识别（Poh & Bengio, 2005）和视频检索（Yan & Hauptmann, 2003）。决策融合可以应用于多媒体（Benitez & Chang, 2002）、文本和图像分类（Chechik & Tishby, 2003）、多模态图像检索（Westerveld & de Vries, 2004）和基于网络的文档检索（Zhao & Grosky, 2002）。融合性能改进的测定和它的影响因素的研究,已经被确定为该领域未来的研究方向（Kludas, Bruno, & Marchand – Maillet, 2008）。

　　文献（Llinas, Bowman, Rogova, Steinberg, Waltz, & White, 2004）提出,信息融合系统设计自动化可以使用推理与信息融合之间的联系。这种方法是以自主创新推理的模式发现和归纳泛化方法为基础的（Llinas, Bowman, Rogova, Steinberg, Waltz, & White, 2004）。

　　文献（Ross & Jain, 2004）综述了在多模态生物特征识别背景下的信息融合方案,这些方案可以很容易地适应一般的任务。因此,根据文献（Ross & Jain, 2004）,在信息融合中,可能的设置如下:①单模态和多个传感器;②单模态和多维特征;③单模态和多个分类器;④多模态。

　　文献（Kokar, Weyman, & Tomasik, 2004）给出了信息融合的解释,即"通过融合低级别的特征,有可能获得关于世界的更抽象或更精确的描述"。文献（Llinas, Bowman, Rogova, Steinberg, Waltz, & White, 2004）提出了信息融合策略的 Durrant – Whyte 分类法。文献（Fassinut – Mombot & Choquel, 2004）考虑了融合系统的优化问题。而且,对于可靠性更高的多模态生物特征识别系统,可以调整可信度,从而给更可靠的信息源分配更高的权重（Aarabi & Dasarathy, 2004）。

4.6 生物特征信息融合

由于单模态生物特征识别存在一些与单模态生物特征数据相关的问题,例如群体变异小、内部差异随时间变化大、缺少群体中一部分个体的生物特征样本等,因此使用多模态生物特征识别技术是首选的解决方案(Ross,Nandakumar,& Jain,2006;Ross & Jain,2003)。多模态生物特征识别系统的主要目标是提高系统的识别性能,克服与单模态生物特征识别系统相关的局限,使系统鲁棒。这些年来,研究者们为多模态生物特征认证系统提出并开发了一些使用不同的生物特征和不同的融合机制的方法。

多模态生物特征识别系统使用多个生物特征信息源,信息融合对于分析、索引和检索这样的信息是必不可少的(Ross & Jain,2003)。对于任何特定的信息,有多种融合技术。为任何特定的信息选择合适的融合技术,取决于应用的必要性和先前研究证明的融合技术的性能。生物特征识别文献中存在一个共识,即所有不同级别的多模态生物特征信息可以分为两大类:匹配前融合和匹配后融合(Sanderson & Paliwal,2001)。匹配前融合包括传感器级融合和特征级融合,匹配后融合包括匹配分数级融合、排序级融合和决策级融合(Sanderson & Paliwal,2001)。最近,生物特征识别技术实验室建立了一种新颖的基于模糊逻辑的融合方法,称为模糊生物特征融合(Monwar,Gavrilova,& Wang,2011)。模糊生物特征融合可以用于初始阶段,即匹配发生前,也可以用于后面的阶段,即匹配发生后。

图4.6 显示了多模态生物特征融合分类。图4.7 显示了匹配前融合与匹配后融合的合理级别。

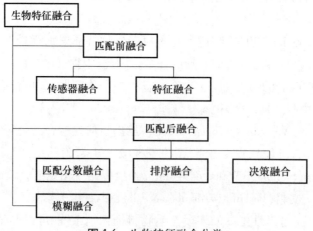

图 4.6　生物特征融合分类

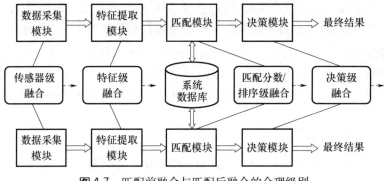

图 4.7　匹配前融合与匹配后融合的合理级别

4.7　匹配前融合与匹配后融合

匹配前融合可以整合数据样本与用户样本进行匹配或比较前的证据。文献（Kokar，Weyman，& Tomasik，2004）提出，"通过融合低级别的特征，有可能获得关于世界的更抽象或更精确的描述"。因此，更早阶段的生物特征源与处理后的生物特征源相比，包含更多的信息（Ross & Jain，2003）。

然而，存储原始数据的额外成本，以及开发匹配方法的额外的复杂性，使这种方法不太实用。

匹配后融合方法是在个体生物特征匹配或比较之后整合信息（Ross & Jain，2003）。大多数多模态生物特征识别系统一直使用这类融合方法融合所需的信息，与匹配前融合方法相比，这是容易实现的。这一类中的匹配分数、基于匹配分数或个体生物特征识别决策（是或否）的排序列表（排序的顺序），可以用于融合。

4.7.1　传感器级融合

在这个融合级别中，处理和集成从多个传感器采集的原始数据，生成新的融合数据，从而可以提取特征。传感器级融合可以用于使用多个传感器采集相同的生物特征标识的场合，或者用于使用单一的传感器采集相同的生物特征的多个样本时（Ross，Nandakumar，& Jain，2006；Jain，2005）。例如，就人脸生物特征识别来说，颜色、几何形状、深度和纹理信息可以融合生成人脸的三维纹理图像（Hsu，2002）。

基于类似的观点，文献（Liu & Chen，2003）提出了一种人脸图像拼接技术。这是一种融合同一人脸的两幅或多幅图像的方法。文献（Sim，Baker，& Bsat，2003）使用一种三维椭球模型，近似人的头部图像，并在 CMU 人脸图像数据库上验证了所提方法。

在这个领域中，另一个贡献是文献（Raghavendra，Rao，& Kumar，2010）描述的研究。该文献提出了一种使用粒子群优化(PSO)算法的融合人脸图像与掌纹图像的信息融合方法,最终的分类决策使用了核直接判别分析(KDDA)方法。在 FRGC 人脸图像数据库(Phillips,Flynn,Scruggs,Bowyer,Chang,Hoffman,& Worek,2005)和 POLYU 掌纹图像数据库(Jing,Yao,Yang,Li,& Zhang,2007)上,对文献所提方法进行了实验,并在同一组数据库上与匹配分数级融合法和遗传算法比较了识别性能。

4.7.2　特征级融合

特征级融合可以整合从多个数据源提取的多个特征集。例如,为了构造一个新的高维特征向量,可能会把人脸的几何特征与本征向量结合起来(Ross & Govin-darajan,2005)。

通过对提取的特征进行模板完善或模板增强,可以实现特征级融合。以当前特征集提供的证据为基础,进行模板完善,可以反映个人生物特征标识的永久性变化(如果有的话)(Ross & Jain,2003)。模板增强是指简单地把一个人的相同的生物特征标识的两个特征集整合成一个特征集(Ross & Jain,2003)。

预计这种融合方法会产生比其他融合方法更好的结果,这是因为有更多的原始信息可以用于融合,而匹配后融合方法也许难以获得这些原始信息。但是,如果特征集来源于多种生物特征,那么就会有一些困难(Ross,Nandakumar,& Jain,2006)。来自不同模态的特征集,也许可以通过不同的算法得到,因此训练系统进行准确识别可能会更加困难。而且,这类融合会产生维数灾难问题,这是众所周知的与高维特征空间相关的问题。反过来,需要通过一些降维技术(例如空间变换、聚类等)解决这个问题。另外,如果特征集在其范围内以及分布上表现出显著差异,那么特征归一化技术可能是必要的(Jain,2005)。最后,对于大多数商品化的生物特征识别系统来说,特征集是保密的,不允许对其进行处理。如果特征集来源于单一生物特征标识,那么可以使用模板更新或模板改进算法(Moon,Yeung,Chan,& Chan,2004)。

这种融合级的一个例子是基于人脸和掌纹的多模态生物特征识别系统(Feng,Dong,Hu,& Zhang,2004)。该系统使用并比较了两种常用方法:主成分分析(PCA)和独立成分分析(ICA)。正如作者提到的那样,在单模态和多模态验证框架下,ICA 性能优于 PCA。

在另一个开发特征融合多模态生物特征识别系统的尝试中,Rattani 等提出了一种在特征级融合人脸和指纹信息的多模态生物特征识别系统(Rattani,Kisku,Bicego,& Tistarelli,2010)。Rattani 等实现了几种特征降维技术,并在 BANCA 人脸图像数据库(Bailly - Baillire,et al,2003)和本地指纹图像数据库上进行了实验,在同样的实验数据上,与匹配分数级融合比较了识别准确度。

4.7.3　匹配分数级融合

匹配分数级融合法可以整合不同分类器生成的匹配分数,能够用于大多数的多生物特征识别场合(He,et al,2010)。例如,这种融合方法能够融合由两种用于两个指纹实例的不同算法得到的匹配分数。这种融合方法也可以用于整合从人脸匹配器和虹膜匹配器得到的匹配分数。

为了获得单一的匹配分数,匹配分数融合法对不同的匹配分数运用算术运算,例如加法、减法、求最大值、求最小值或求中值(Ross & Jain,2003)。例如,已经得到由三种分别用于人脸、指纹和手的不同的匹配器产生的匹配分数,为了获得新的匹配分数,可以通过简单的求和规则进行融合,然后使用融合结果做最终的决策(Ross & Jain,2003)。对于来自不同算法的不同的匹配分数,因为可能不会同时具有相同的基本性质或分数范围,所以分数归一化在匹配分数级融合方法中是必要的。有多种分数归一化方法,例如最小 – 最大值法、小数定标法、z 分数法、中值法、绝对中位差法和双 S 形曲线法。归一化处理是耗时的,而且如果选择了不适当的归一化方法,就会导致非常差的识别准确度。图 4.8 举例说明了多模态生物特征识别系统的匹配分数级融合。

图 4.8　基于 3 个分类器的多模态生物特征识别系统的匹配分数级融合

1998 年,针对基于主成分分析(PCA)的人脸和基于细节的指纹辨识系统,文献(Hong & Jain,1998)提出了一种双模态的匹配分数级融合方法,整合了不同分类器的匹配分数,并且基于共识匹配分数做出决策。该论文使用 MSU 指纹图像数据库(Jain,Hong,& Bolle,1997)进行了验证。实验结果非常令人鼓舞,在错误接受率和错误拒绝率方面表现出优异的性能。

2005 年,文献(Jain,Nandakumar,& Ross,2005)提出了一种基于人脸、指纹和手掌几何特征的匹配分数级融合的多模态生物特征识别方法。用于这些模态的匹配方法有基于指纹细节的匹配器,其输出是相似性分数;基于 PCA 的人脸识别算法,其输出是欧几里得距离;手掌几何特征由 14 维特征向量表示,计算输入特征向量与模板特征向量之间的欧几里得距离,作为手掌几何特征的匹配分数,因此其输出也是欧几里得距离。在这项研究中,测试了 7 种分数归一化方法(简单的尺度不变的距离 t 相似性变换、最小 - 最大值归一化、z 分数归一化、中值 MAD 归一化、双 S 形曲线归一化、双曲正切函数归一化和帕尔森归一化)和 3 种针对归一化分数的融合技术(简单求和规则、最大规则和最小规则)。除了中值 MAD 归一化方法之外,其他所有融合方法的性能都优于单模态方法,识别准确度显著提高。

4.7.4　排序级融合

排序级融合可以整合由几个生物特征匹配器得到的多个排序列表,形成一个最终的排序列表,这将有助于建立最终的决策(Ross,Nandakumar,& Jain,2006)。一些工业用生物特征识别设备通常只输出带有用户身份的排序列表。在这些情况下,可能无法得到与匹配分数或特征有关的信息。而且,在一些生物特征识别系统中,来自匹配器的匹配分数不适用于后续的融合(Kumar & Shekhar,2010)。因此,可以使用排序级融合方法对来自多个来源的用户身份辨识的可信度做出决策。诸如波达计数(Borda,1781)等方法,可以用于做出最终决策(Black,1963)。第 5 章和第 6 章将详细讨论排序级融合的一些方法。

4.7.5　决策级融合

决策级融合方法可以整合多个单一生物特征匹配器的最终决策,形成一个最终的综合决策。当每一个匹配器输出它自己的类别标签(即验证系统中的接受或拒绝,或者辨识系统中的用户身份)时,使用一些技术可以获得单一的类别标签,例如,与/或逻辑运算、多数投票、加权多数投票、决策表、贝叶斯决策和 D - S 证据理论(Jain,2005)。与其他融合方法相比,这种融合方法不太复杂(Ross,Nandakumar,& Jain,2006)。这种融合方法适用于那些只需要得到最终决策的商品化的生物特征识别系统(Ross,Nandakumar,& Jain,2006)。

2000 年,Frischholz 等开发了一种用于验证用户身份的商品化的多模态方法 BioID,包括一个基于模型的人脸分类器、一个基于向量量化的语音分类器和一个基于光流的嘴唇动作分类器(Frischholz & Dieckmann,2000)。这种方法是从视频中提取嘴唇动作和人脸图像,从音频信号中提取语音。对这几种信息进行融合,使用了决策级融合方法中的加权求和规则与多数投票方法。实验结果表明,该系统能够减少错误接受率,保证高可靠性。

在另一项研究工作中,Yu 等提出了一种对数字摄像机采集的掌纹、指纹和手指几何形状进行融合的多生物特征识别方法,其中用到的融合方法属于决策级融合(Yu,Xu,Zhou,& Li,2009)。进行融合时,使用了三种决策融合规则,包括"与"规则、"或"规则和多数投票。在这三种决策融合方法中,多数投票法的性能优于其他两种决策方法。

4.7.6　模糊融合

基于模糊逻辑的融合是另一种令人印象深刻的信息融合方法,在过去的几年里,这类方法已经在许多不同的应用领域中获得成功应用,如自动目标识别、医学图像融合与分割、涡轮机发电厂融合、天气预报、航拍图像检索与分类、车辆检测与车型识别,以及路径规划(Monwar,Gavrilova,& Wang,2011)。使用基于模糊逻辑的融合方法,能够获得最终识别结果的可信度,对于一些苛求安全性的生物特征识别应用来说,这是非常重要的。

这里,假设模糊融合方法能够用于匹配前或匹配后阶段。当这种融合方法用于匹配前阶段时,通常可以减少用于比较或匹配的数据集的大小。这种融合也能够用于匹配后阶段,可以提高识别性能,得到最终结果的可信度。

这种方法以模糊逻辑为基础(Zadeh,1965),在计算智能领域中,模糊逻辑是应用最广泛的经典技术(Wang,2009)。模糊逻辑方法能够以类似于人类思维的方式处理不精确的信息,例如大与小、高与低。可以通过模糊集合的部分隶属关系,在归一化范围$\{0,1\}$内定义中间值。根据文献(Mitra & Pal,2005),模糊逻辑在模式识别中的重要性表现在以下几个方面:

(1) 表示需要处理的语言输入特征;

(2) 根据隶属度值提供缺失信息的估计值;

(3) 表示模糊模式,生成语言形式的推理。

模糊融合的应用是多种多样的。文献(Solaiman,Pierce,& Ulaby,1999)提出了一种基于模糊的多传感器数据融合分类器,用于土地覆盖分类。这个应用领域属于同构框架下的多传感器与情景信息融合。由于使用了模糊概念,提出的分类器非常适合集成多传感器和先验信息。

在另一项研究中,开发了一种使用模糊逻辑的新颖的车辆分类算法(Kim,Kim,Lee,& Cho,2001)。在这个算法中,车辆的重量和速度被用作模糊逻辑模块的输入。模糊逻辑模块的输出是一个修改车辆长度的权重因子。反过来,修改后的长度会再次作为车辆分类模块的输入。得到的结果表明,所提出的使用模糊逻辑的分类算法能够减少车辆的分类错误。

模糊融合领域的另一项重要贡献是 Wang 等的研究工作(Wang,Dang,Li,& Li,2007),他们把模糊融合用于多模态医学图像应用领域。为了克服大多数医学图像模糊不清的问题,该文献提出了一种使用模糊径向基函数神经网络(F - RBFNN)的医学图像融合的新方法,其中的模糊径向基函数神经网络在功能上等效于 T - S 模糊模型(Hunt,1996)。而且,使用遗传算法训练神经网络。对 20 组头部的计算机断层扫描(CT)与磁共振成像(MRI)图像进行了实验,包括对模糊图像进行的实验,实验结果表明,所提出的方法在视觉效果和客观评价标准方面都优于其他方法。

在一篇 2010 年的论文(Deng,Su,Wang,& Li,2010)中,提出了一种用于自动目标识别的基于模糊集合理论和 D - S 证据理论(Shafer,1976)的数据融合方法。该文献介绍了模型数据库中目标的单独属性,以及作为模糊隶属度函数的传感器观测方程,构造了一个处理每个传感器采集的模糊数据的似然函数。以 Dempster 组合规则为基础,使用不同来源的传感器数据(Dempster,1976)。

在医学成像研究领域中,应用模糊融合的另一项研究工作是 Chaabane 等的研究工作(Chaabane & Abdelouahab,2011)。在模糊信息融合框架下,Chaabane 等提出了一种人脑组织自动分割方法。该方法包括 3 个阶段,首先分别在突出组织横向(T2)弛豫差别图像和质子密度(PD)加权图像中使用模糊 C 均值算法提取模糊组织图像,然后通过组合算子创建模糊映射,最后在决策阶段分割图像。

最近,文献(Monwar,Gavrilova,& Wang,2011)介绍了模糊融合方法在生物特征识别领域的应用。在这项研究中,模糊逻辑被用于在基于人脸、耳朵和签名的多模态生物特征识别系统中制定决策。模糊逻辑决策模块使用单模态生物特征数据,对应于单个匹配器结果的可信度,可以扩展排序级融合方法。同时,因为可以对产生的结果进行可信度整合,所以能够融合并通过连续尺度(而非二元的是或否)输出排序级决策模块的结果。得到的结果证实了该方法的可行性和高性能,强调了数据融合在多模态生物特征识别领域中的巨大潜力。第 7 章将会更加详细地讨论这种方法。

表 4.1 总结了综述内容,展示了各种类型的多生物特征识别系统。这些用于身份认证的多生物特征识别系统,使用了不同的生物特征标识和不同的融合方法。

表 4.1 现有的多模态生物特征识别系统

年份	用于融合的特征	作者	融合级别	融合方法
1998	人脸和指纹	Hong & Jain (1998)	匹配分数	乘积规则
2000	人脸、语音和嘴唇动作	Frischholz & Dieckmann (2000)	决策	加权求和规则、多数投票
2003	人脸、指纹和手掌几何特征	Ross & Jain (2003)	匹配分数	求和规则、决策树、线性判别函数
2003	二维和三维人脸	Liu & Chen (2003)	传感器	人脸图像拼接

（续）

年份	用于融合的特征	作者	融合级别	融合方法
2004	人脸和掌纹	Feng, Dong, Hu, & Zhang (2004)	特征	特征连接
2005	人脸、指纹和手掌几何特征	Jain, Nandakumar, & Ross (2005)	匹配分数	简单求和规则、最大规则、最小规则
2009	指纹、人脸和手掌几何特征	Nandakumar, Chen, Dass, & Jain (2009)	匹配分数	似然比
2009	人手生物特征（掌纹、指纹、手指几何特征）	Yu, Xu, Zhou, & Li (2009)	决策	"与"规则、"或"规则、多数投票
2010	指纹和人脸	Rattani, Kisku, Bicego, & Tistarelli (2010)	特征	Delaunay 三角剖分
2010	人脸和掌纹	Raghavendra, Rao, & Kumar (2010)	传感器	粒子群优化
2010	两幅掌纹图像	Kumar & Shekhar(2010)	排序	波达计数、加权波达计数、最高序号、非线性加权排序

4.8　本章小结

　　本章讨论了应用于多模态生物特征识别领域的信息融合方法。在多模态生物特征识别系统中，通常可以在传感器级、特征级、匹配分数级、排序级和决策级融合不同来源的信息。在所有的融合方法中，传感器级融合和特征级融合被认为是融合原始数据或实际的生物特征数据的阶段。匹配分数级、排序级和决策级融合方法则被认为是融合经过处理的数据或通过一些实验获得的数据。另外，还有一种日益普及的新颖的融合方法，即模糊融合。

　　这个领域存在许多挑战，需要进一步研究。第一个挑战植根于选择一种对应用领域而言最合适的融合方法。这种选择往往是临时的，或者是基于不必要的约束，例如融合模块的可用性、低成本等，而不是基于应用领域与所选方法是否适合。

　　第二个挑战是全自动与用户定义的系统操作参数之间的平衡。虽然对于一些高需求大规模的应用来说，完全自动化可能是一种期望的功能，但是实际上，这并不总是可行的或可取的。开发生物特征安全系统的最佳方式，是把它设计成决策支持系统，这样就能够给系统操作员提供信息，使他能够做出明智且正确的决策。

　　最后一个挑战与模糊融合方法成为生物特征识别的新的研究领域之一有关。在这种方法中，管理规则和权重分配的决策能够显著影响识别过程的结果。因此，如果要使用这种方法，系统的实证验证就会至关重要。后续章节将有更多关于该主题的讨论。

参 考 文 献

Aarabi P, Dasarathy B V. (2004). Robust speech processing using multi – sensor multi – source information fusion: an overview of the state of the art. Information Fusion, 5, 77 – 80. doi: 10. 1016/j. inffus. 2004. 02. 001.

Abaza A, Ross A. (2009). Quality based rank – level fusion in multibiometric systems. In Proceedings of 3rd IEEE International Conference on Biometrics: Theory, Applications and Systems. Washington, DC: IEEE.

Ailon N. (2010). Aggregation of partial rankings, p – ratings and top – m lists. Algorithmica, 57 (2), 284 – 300. doi: 10. 1007/s00453 – 008 – 9211 – 1.

Ailon N, Charikar M, Newman A. (2005). Aggregating inconsistent information: ranking and clustering. In Proceedings of 37th Annual ACM Symposium on Theory of Computing (STOC), (pp. 684 – 693). Baltimore, MD: ACM.

Bailly – Bailliére E, Bengio S, Bimbot F, Hamouz M, Kittler J, Mariéthoz J, Matas J, Messer K, Popovici V, Porée F, Ruiz B, Thiran J – P. (2003). The BANCA database and evaluation protocol. In Proceedings of International Conference on Audio – and Video – Based Biometric Person Authentication, (pp. 625 – 638). Guildford, UK: Springer.

Benitez A B, Chang S F. (2002). Multimedia knowledge integration, summarization and evaluation. In Proceedings of Workshop on Multimedia Data Mining, (vol. 2326). Springer.

Black D. (1963). The theory of committees and elections (2nd ed.). Cambridge, UK: Cambridge University Press.

Bolle R M, Connell J H, Pankanti S, Ratha N K, Senior A W. (2004). Guide to biometrics. New York, NY: Springer – Verlag.

Borda J C. (1781). M'emoire sur les 'elections au scrutin. Paris, France: Histoire de l'Acad'emie Royale des Sciences.

Chaabane L, Abdelouahab M. (2011). Improvement of brain tissue segmentation using information fusion approach. International Journal of Advanced Computer Science and Applications, 2(6), 84 – 90.

Chechik G, Tishby N. (2003). Extracting relevant structures with side information. Advances in Neural Information Processing Systems, 15.

Dempster A P. (1976). Upper and lower probabilities induced by a multivalued mapping. Annals of Mathematical Statistics, 38(2), 325 – 339. doi: 10. 1214/aoms/1177698950.

Deng Y, Su X, Wang D, Li Q. (2010). Target recognition based on fuzzy Dempster data fusion method. Defence Science Journal, 60(5), 525 – 530.

Fagin R. (1999). Combining fuzzy information from multiple systems. Journal of Computer and System Sciences, 58 (1), 83 – 99. doi: 10. 1006/jcss. 1998. 1600.

Farah M, Vanderpooten D. (2008). An outranking approach for information retrieval. Information Retrieval, 11(4), 315 – 334. doi: 10. 1007/s10791 – 008 – 9046 – z.

Fassinut – Mombot B, Choquel J B. (2004). A new probabilistic and entropy fusion approach for management of information sources. Information Fusion, 5, 35 – 47. doi: 10. 1016/j. inffus. 2003. 06. 001.

Feng G, Dong K, Hu D, Zhang D. (2004). When faces are combined with palmprint: a novel biometric fusion strategy. In Proceedings of First International Conference on Biometric Authentication, (pp. 701 – 707). Hong Kong, China: IEEE.

Frischholz R W, Dieckmann U. (2000). BioID: a multimodal biometric identification system. Computer, 33 (2), 64 – 68. doi:10. 1109/2. 820041.

He M, et al. (2010). Performance evaluation of score level fusion in multimodal biometric systems. Pattern Recognition, 43(5), 1789 – 1800. doi:10. 1016/j. patcog. 2009. 11. 018.

Hong L, Jain A K. (1998). Integrating faces and fingerprints for personal identification. IEEE Transactions on Pattern Analysis and Machine Intelligence, 20(12), 1295 – 1307. doi:10. 1109/34. 735803.

Hsu R – L. (2002). Face detection and modeling for recognition. (PhD Thesis). Michigan State University. East Lancing, MI.

Hunt K J. (1996). Extending the functional equivalence of radial basis function networks and fuzzy inference system. IEEE Transactions on Neural Networks, 13, 776 – 778. doi:10. 1109/72. 501735.

Jain A K. (2005). Biometric recognition: how do I know who you are? Lecture Notes in Computer Science, 3617, 19 – 26. doi:10. 1007/11553595_3.

Jain A K, Hong L, Bolle R. (1997). On – line fingerprint verification. IEEE Transactions on Pattern Analysis and Machine Intelligence, 19(4), 302 – 314. doi:10. 1109/34. 587996.

Jain A K, Nandakumar K, Ross A. (2005). Score normalization in multimodal biometric systems. Pattern Recognition, 38, 2270 – 2285. doi:10. 1016/j. patcog. 2005. 01. 012.

Jing X Y, Yao Y F, Yang J Y, Li M, Zhang D. (2007). Face and palmprint pixel level fusion and kernel DCV – RBF classifier for small sample biometric recognition. Pattern Recognition, 40, 3209 – 3224. doi: 10. 1016/ j. patcog. 2007. 01. 034.

Kim S – W, Kim K, Lee J – H, Cho D – I. (2001). Application of fuzzy logic to vehicle classification algorithm in loop/piezo – sensor fusion systems. Asian Journal of Control, 3(1), 64 – 68. doi:10. 1111/j. 1934 – 6093. 2001. tb00044. x.

Kludas J, Bruno E, Marchand – Maillet S. (2008). Information fusion in multimedia information retrieval. Lecture Notes in Computer Science, 4918, 147 – 159. doi:10. 1007/978 – 3 – 540 – 79860 – 6_12.

Kokar M M, Weyman J, Tomasik J A. (2004). Formalizing classes of information fusion systems. Information Fusion, 5, 189 – 202. doi:10. 1016/j. inffus. 2003. 11. 001.

Kumar A, Shekhar S. (2010). Palmprint recognition using rank level fusion. In Proceedings of IEEE International Conference on Image Processing, (pp. 3121 – 3124). Hong Kong, China: IEEE.

Llinas J, Bowman C, Rogova G, Steinberg A, Waltz E, White F. (2004). Revisiting the JDL data fusion model II. In Proceedings of 7th International Conference on Information Fusion. Stockholm, Sweden: IEEE.

Liu X, Chen T. (2003). Geometry – assisted statistical modeling for face mosaicing. In Proceedings of IEEE International Conference on Image Processing, (vol. 2, pp. 883 – 886). Barcelona, Spain: IEEE.

Matsumoto T, Matsumoto H, Yamada K, Hoshino S. (2002). Impact of artificial "gummy" fingers on fingerprint systems. [SPIE]. Proceedings of SPIE Optical Security and Counterfeit Deterrence Techniques IV, 4677, 275 – 289. doi:10. 1117/12. 462719.

Mitra S, Pal S K. (2005). Fuzzy sets in pattern recognition and machine intelligence. Fuzzy Sets and Systems, 156, 381 – 386. doi:10. 1016/j. fss. 2005. 05. 035.

Monwar M M, Gavrilova M, Wang Y. (2011). A novel fuzzy multimodal information fusion technology for human biometric traits identification. In Proceedings of ICCI * CC. Banff, Canada: IEEE.

Moon Y S, Yeung H W, Chan K C, Chan S O. (2004). Template synthesis and image mosaicking for fingerprint registration: an experimental study. In Proceedings of IEEE International Conference on Acoustics, Speech, and Signal

Processing,(vol. 5,pp. 409 – 412). Montreal,Canada:IEEE.

Nandakumar K,Chen Y,Dass S C,Jain A K. (2009). Likelihood ratio – based biometric score fusion. IEEE Transactions on Pattern Analysis and Machine Intelligence, 30(2), 342 – 347. doi: 10. 1109/TPAMI. 2007. 70796 PMID:18084063.

Oviatt S. (2003). Advances in robust multimodal interface design. IEEE Computer Graphics and Applications,23 (5),62 – 88. doi:10. 1109/MCG. 2003. 1231179.

Pennock D M,Horvitz E. (2000). Social choice theory and recommender systems:analysis of the axiomatic foundations of collaborative filtering. In Proceedings of Seventeenth National Conference on Artificial Intelligence and Twelfth Conference on Innovative Applications of Artificial Intelligence,(pp. 729 – 734). Austin,TX:IEEE.

Phillips P J,Flynn P J,Scruggs T,Bowyer K W,Chang J,Hoffman K,Worek W. (2005). Overview of the face recognition grand challenge. In Proceedings of IEEE Computer Society Conference on Computer Vision and Pattern Recognition,(pp. 947 – 954). San Diego,CA:IEEE.

Pihur V,Datta S,Datta S. (2008). Finding common genes in multiple cancer types through meta – analysis of microarray experiments: a rank aggregation approach. Genomics, 92, 400 – 403. doi: 10. 1016/j. ygeno. 2008. 05. 003 PMID:18565726.

Poh N,Bengio S. (2005). How do correlation and variance of base – experts affect fusion in biometric authentication tasks? IEEE Transactions on Acoustics,Speech,and Signal Processing,53 ,4384 – 4396. doi:10. 1109/TSP. 2005. 857006.

Raghavendra R,Rao A,Kumar G H. (2010). Multisensor biometric evidence fusion of face and palmprint for person authentication using particle swarm optimisation (PSO). International Journal of Biometrics,2(1),19 – 33. doi: 10. 1504/IJBM. 2010. 030414.

Rattani A,Kisku D R,Bicego M,Tistarelli M. (2010). Feature level fusion of face and fingerprint biometrics. In Proceedings of 1st IEEE International Conference on Biometrics:Theory,Applications and Systems. Washington, DC:IEEE.

Ross A,Govindarajan R. (2005). Feature level fusion using hand and face biometrics. In Proceedings of SPIE Conference on Biometric Technology for Human Identification II,(pp. 196 – 204). Orlando,FL:SPIE.

Ross A,Jain A K. (2003). Information fusion in biometrics. Pattern Recognition Letters, 24, 2115 – 2125. doi: 10. 1016/S0167 – 8655(03)00079 – 5.

Ross A,Jain A K. (2004). Multimodal biometrics:an overview. In Proceedings of 12th European Signal Processing Conference,(pp. 1221 – 1224). Vienna,Austria:IEEE.

Ross A A,Nandakumar K,Jain A K. (2006). Handbook of multibiometrics. New York,NY:Springer.

Sanderson C,Paliwal K K. (2001). Information fusion for robust speaker verification. In Proceedings of Seventh European Conference on Speech Communication and Technology,(pp. 755 – 758). Alborg,Denmark:IEEE.

Shafer G. (1976). A mathematical theory of evidence. Princeton,NJ:Princeton University Press.

Sim T,Baker S,Bsat M. (2003). The CMU pose,illumination,and expression database. IEEE Transactions on Pattern Analysis and Machine Intelligence,25(12),1615 – 1618. doi:10. 1109/TPAMI. 2003. 1251154.

Solaiman B,Pierce L E,Ulaby F T. (1999). Multisensor data fusion using fuzzy concepts:application to land – cover classification using ERS – 1/JERS – 1 SAR composites. IEEE Transactions on Geoscience and Remote Sensing, 37,1316 – 1326. doi:10. 1109/36. 763295.

Soltane M,Doghmane N,Guersi N. (2010). Face and speech based multi – modal biometric authentication. International Journal of Advanced Science and Technology,21,41 – 56.

Truchon M. (1998). An extension of the Condorcet criterion and Kemeny orders. Cahier 9813. Rennes, France: University of Rennes.

Tumer K, Gosh J. (1999). Linear order statistics combiners for pattern classification. In Proceedings of Combining Artificial Neural Networks, (pp. 127 – 162). IEEE.

Wang C, Gavrilova M L. (2005). A novel topology – based matching algorithm for fingerprint recognition in the presence of elastic distortions. In Proceedings of International Conference on Computational Science and its Applications, (vol. 1, pp. 748 – 757). Springer.

Wang Y. (2009). Toward a formal knowledge system theory and its cognitive informatics foundations. Transactions on Computational Science, 5, 1 – 19.

Wang Y – P, Dang J – W, Li Q, Li S. (2007). Multimodal medical image fusion using fuzzy radial basis function neural networks. In Proceedings of International Conference on Wavelet Analysis and Pattern Recognition, (vol. 2, pp. 778 – 782). Beijing, China: IEEE.

Westerveld T, de Vries A P. (2004). Multimedia retrieval using multiple examples. In Proceedings of International Conference on Image and Video Retrieval. IEEE.

Wu L, Oviatt S L, Cohen P R. (2002). From members to teams to committee – a robust approach to gestural and multimodal recognition. IEEE Transactions on Neural Networks, 13(4), 972 – 982. doi: 10. 1109/TNN. 2002. 1021897.

Wu S, McClean S. (2006). Performance prediction of data fusion for information retrieval. Information Processing & Management, 42, 899 – 915. doi: 10. 1016/j. ipm. 2005. 08. 004.

Wu Y, Chang K C – C, Chang E Y, Smith J R. (2004). Optimal multimodal fusion for multimedia data analysis. In Proceedings of the 12th Annual ACM International Conference on Multimedia, (pp. 572 – 579). ACM Press.

Yan R, Hauptmann A G. (2003). The combination limit in multimedia retrieval. In Proceedings of the Eleventh ACM International Conference on Multimedia, (pp. 339 – 342). ACM Press.

Yu P, Xu D, Zhou H, Li H. (2009). Decision fusion for hand biometric authentication. In Proceedings of IEEE International Conference on Intelligent Computing and Intelligent Systems, (vol. 4, pp. 486 – 490). Shanghai, China: IEEE.

Zadeh L A. (1965). Fuzzy sets. Information and Control, 8, 338 – 353. doi: 10. 1016/S0019 – 9958(65)90241 – X.

Zhao R, Grosky W I. (2002). Narrowing the semantic gap – improved text – based web document retrieval using visual features. IEEE Transactions on Multimedia, 4(2), 189 – 200. doi: 10. 1109/TMM. 2002. 1017733.

第 5 章

排序级融合

排序级融合是一种用于多生物特征识别系统的匹配后融合方法。以前已经在许多领域提出了排序信息融合的问题。本章将从近十年来各种应用方案的现有文献开始,广泛地讨论排序级融合方法。本章将在当前科技发展最新水平的学科背景下,讨论生物特征排序级融合中现有的一些方法的优缺点,例如多数投票法、最高序号法、波达计数法、逻辑回归法和图像质量排序融合法。

5.1 引言

可以认为,多模态生物特征识别系统开发的关键组成部分之一是信息融合模块。它的输入数据的形式(处理后的数据输入或未处理的数据输入)、特征类型(几何、信号、基于表观等类型的特征)和可以使用的决策过程(自适应、智能、模糊、基于学习、基于启发式的决策过程)是最多样化的。毋庸置疑,对于各种生物特征(包括生理生物特征、行为生物特征、软生物特征和社交生物特征)的初始选择,既是信息融合过程的输入,又决定了必须要做出的选择。

理论上通常假设,在处理的早期阶段进行数据集成,与在后期进行数据集成相比,系统可能会更加准确。遗憾的是,在实际中,由于各种生物特征属性不同,可能不兼容(例如指纹和人脸),因此传感器级融合很难实现。而且,大多数商品化的生物特征识别系统不提供访问特征集的功能,这就失去了特征级融合的可行性。匹配分数级融合与决策级融合不需要创建新的数据库或匹配分数模块(使用这些模块构成单模态子系统)。

一般来说,匹配分数级融合能够完成工作,但是在决策模块中必须要有鲁棒且高效的归一化技术。归一化技术可能非常耗时,而且如果归一化技术选择不当,就有可能降低识别性能(Ross & Jain,2003;Gavrilova & Monwar,2011)。由于子系统的决策模块的输出是布尔值,所含信息有限,因此决策级融合的性能会受到影响。并且,在某些情况下,决策级融合的性能还受到样本的质量分数的影响。但是,如果子系统的匹配分数不可用,那么它就是唯一可能的集成方式。因此,与其他整合不需要实际匹配分数、只需要用户或标识的相对位置的不同分类器输出的方法相比,排序级融合是一种可行的方法(Monwar & Gavrilova,2009)。尽管对于这个级别的融合所做的研究非常有限,但是这个级别的融合能够有效地整合任何一个多模态生物特征辨识系统的排序信息(Gavrilova & Monwar,2008)。后续章节将关注现有的一些排序级融合方法。

5.2　现有方法回顾

当单个匹配器的输出是模板数据库中的"候选人"按照匹配分数降序(或在适当情况下按照距离分数升序)排序时,生物特征辨识系统可以使用排序级融合方法。系统将给模板分配一个更高的排名次序,这更类似于查询。文献(Abaza & Ross,2009;Monwar & Gavrilova,2009;Gavrilova & Monwar,2008;Monwar & Gavrilova,2010)介绍了在多生物特征识别系统中,多数投票法、最高序号法、波达计数法、逻辑回归法、贝叶斯法和图像质量排序法可用于执行排序级融合。本章接下来的部分,将讨论这些生物特征排序融合方法。

排序信息融合问题已经在许多领域得到解决,例如:①在社会选择理论中,研究比赛中指定选举赢家或竞争赢家的投票算法;②在统计学中,研究排序之间的相关性;③在分布式数据库中,必须整合来自不同数据库的结果;④在协同过滤中;⑤在生物信息学中,需要进行基因表达的相似性搜索和微阵列数据的元分析时(Truchon,1998;Fagin,1999;Pennock & Horvitz,2000;Pihur,Datta, & Datta,2008)。成功的标准是与融合前排序的位置相比,正确的类在共识排序中的位置。

排序融合研究的贡献之一,是 Farah 和 Vanderpooten 的工作(Farah & Vanderpooten,2008)。他们关注排序融合问题(也涉及数据融合问题),通过搜索相同的集合与提供多种方法,对文档的排序进行整合,从而产生一种新的排序。在多标准框架下,这项研究工作提出了一种新颖的级别优先排序方法,使用融合机制判断一份文档是否应该得到比另一份文档更好的排序。该研究表明,所提出的方法在性能上优于其他一些常用的经典的位置数据融合方法。

这个领域中的另一项重要贡献是 Ailon 的工作(Ailon,2010)。在文献(Ailon,2010)中,讨论了从部分排序列表进行排序融合的问题。考虑完整排序的主要缺点之一,是并非总能从所有来源获得完整的排序信息。而且,搜索引擎不太可能为了一个给定的查询而给出所有网页的全部集合的排序。相反,只返回排在前几位的网页。在许多日常问题中,会自然地出现部分排序现象:在很多体育比赛中,平局可能是单场比赛的结果;而在选举制度下,每个选民可以放弃给一小部分候选人投票的权利,作为一种中立的表达方式(Ailon,2010)。这项研究工作还介绍了两种融合部分排序的近似算法:第一种算法是新 2 - 近似算法,归纳了一种众所周知的用于完整排序融合的 2 - 近似算法;第二种近似算法是一种新颖的 3/2 - 近似算法,归纳了一种用于解决部分排序融合问题的完整排序融合的新算法(Ailon,

Charikar,& Newman,2005)。

在生物信息学领域,美国路易斯维尔大学 Pihur 等的工作是一项重要的排序信息融合研究工作(Pihur,Datta,& Datta,2008)。在研究中,他们使用基于交叉熵的蒙特·卡罗算法的加权排序融合方法,通过微阵列实验的元分析,查找癌症基因。他们提出的针对微阵列数据的元分析方法,包括两个步骤:第一步是个体分析,通过对每一个微阵列数据集单独分析,可以获得每个数据集的用各组之间表达式的值表现出最大差异的一组"有趣的"基因(前 k 个);第二步是排序融合,从第一步的结果可以得到在每一个列表中的基因排序的个体列表,产生一份能够反映基因整体重要性的 k 个基因的"超级"列表,就像通过所有实验的共同证据判断所得。

最近,一些模式识别研究人员已经开始在多模态生物特征识别背景下研究排序级融合。2009 年,为了增强图像质量排序级融合方法的性能,减少弱分类器或低质量的输入图像的影响,Abaza 和 Ross 对最高序号法和波达计数法做了一些修改(Abaza & Ross,2009)。他们在包括几百个用户的多模态数据库上进行了实验,实验结果表明,所提出的修改能够提高前 1 准确度。而且,他们的实验也表明,如果融合方法考虑了图像质量,那么能够提高波达计数法的前 1 准确度(Abaza & Ross,2009)。

2010 年,文献(Kumar & Shekhar,2010)提出了一种在排序级上融合多个掌纹表征的用于身份识别的新方法。他们分别对两个掌纹图像数据库使用了波达计数法、加权波达计数法、最高序号法和非线性加权排序法。实验结果表明,在他们研究的融合方法中,当非线性与加权结合使用时,能够最大限度地改善性能。

在下面的章节里,将介绍最常用的排序融合方法的具体算法,即多数投票排序融合法、最高序号融合法、波达计数排序融合法、逻辑回归排序融合法和图像质量排序融合法。

5.3　多数投票排序融合法

多数投票法是一种考虑个体偏好次序信息的位置排序融合方法(Abaza & Ross,2009)。但是,这种方法并不考虑匹配器的全部偏好排序,相反,它仅使用每个投票者的最优先选择的信息。这种方法有利于整合少量的专用的匹配器。在这种方法中,根据在顶部位置的位置号对身份进行排序,可以得到共识排序。采用的算法来自文献(Abaza & Ross,2009),见算法 5.1。

算法 5.1:多数投票法

步骤 1:从不同的生物特征分类器得到 3 个排序列表。

步骤 2:对所有的排序列表,进行如下步骤。

步骤 2a:找出出现在 3 个排序列表最顶部的身份。

步骤 2b:如果找到任何替代,那么从共识排序列表的顶部开始,把该身份定位到可用的位置。

步骤 2c:如果没有找到替代,那么寻找具有最高序号位置的身份,然后从共识排序列表的顶部开始,把该身份放在可用的位置。

步骤 2d:跳转到步骤 2,从下一个位置开始循环。

例如,在一个由 5 个分类器构成的系统中,假设用户 1 被分类器 1 和分类器 3 选作排序最靠前的身份,用户 2 被分类器 2 选作排序最靠前的身份,用户 5 被分类器 4 选作排序最靠前的身份,用户 20 被分类器 5 选作排序最靠前的身份。然后,根据多数投票排序融合法,用户 1 将被选作共识排序列表中排序最靠前的身份。

多数投票排序融合法的优点是能够克服任何一个分类器的不需要的行为。假设一个弱分类器选择一个身份作为排序最靠前的身份,但是该身份不一定会位于共识排序列表的顶部位置。如果其他的分类器决定不把该身份选作排序最靠前的身份,那么该身份就不会出现在由多数投票排序融合法得到的共识排序列表的顶部位置。这种方法存在的问题是所有的初始排序列表只考虑顶部位置,这样经常会使多生物特征识别系统产生不可靠的决策。

5.4　最高序号融合法

最高序号法有利于整合少量的专用的匹配器,因此可以有效地用于个别匹配器表现良好的多模态生物特征识别系统。在这种方法中,根据身份的最高序号对身份进行排序,可以得到共识排序。

算法 5.2 中的步骤显示了在多模态生物特征识别系统中使用最高序号融合法的过程。

算法 5.2:最高序号法

步骤 1:从不同的生物特征分类器得到 3 个排序列表。

步骤 2:对所有的排序列表,进行如下步骤。

步骤 2a:对 3 个排序列表中所有的身份,进行如下步骤。

步骤 2a(i):利用下面计算共识排序的等式,求出每一个身份的共识排序,即

$$R_c = \min_{i=1}^{n} R_i \tag{5.1}$$

式中:n 为排序列表的数量。

步骤 3:按升序对 R_c 进行排序,用相应的身份进行替换。

这种方法的优点是能够利用每一个匹配器的优势。即使只有一个匹配器给正确的用户分配最高序号,重新排序后,正确的用户仍然极有可能获得最高序号。这种方法的缺点是最终的排序可能会有很多平局(Ho,Hull,& Srihari,1994;Monwar

& Gavrilova,2009）。通常,当平局被随机打破时,有可能会接受最弱分类器的不正确的决策（Ho,Hull,& Srihari,1994）。与多数投票排序融合法相似,这种方法的另一个缺点,是只考虑任何初始排序列表的顶部位置,这样经常会使多生物特征识别系统产生不可靠的决策。共享相同排序的类的数量,取决于分类器的使用数量。因为这一特性,所以这种方法不是苛求安全性的多模态生物特征识别系统的最佳选择。

最近,为了解决平局问题,Abaza 和 Ross 对现有的最高序号法的等式做了修改,使用波达计数法引入了一个扰动因子（Abaza & Ross,2009）。根据他们的修改,可以得到一个特定类的共识排序,如文献（Abaza & Ross,2009）所示。

式(5.1)的共识排序可改写为

$$R_c = \min_{i=1}^{n} R_i + \varepsilon \qquad (5.2)$$

其中

$$\varepsilon = \frac{\sum_{i=1}^{n} R_i}{K} \qquad (5.3)$$

在式(5.3)中,K 是一个较大的值,用于确保 ε 是较小的值。这样处理的依据是通过考虑与特定用户相关联的全部排序,确定影响融合排序的扰动项（Abaza & Ross,2009）。例如,在融合两个分类器的输出时,假设第一个分类器把一个用户排序为1,第二个分类器把同一用户排序为2。同样地,对于另一个用户,假设第一个分类器将其排序为3,第二个分类器将其排序为1。这样一来,根据最高序号法,这两个用户的共识排序都是1。在这个案例中,出现了平局。但是,根据式(5.2),第一个用户的共识排序是 (1 + 3/100) 或 1.03,第二个用户的共识排序是 (1 + 4/100) 或 1.04。在式(5.3)中,$K = 100$。因此,在共识排序列表中,第一个用户比第二个用户排得更高,这样就把平局打破了。

5.5 波达计数排序融合法

1771 年,法国数学家 Jean – Charles de Borda 提出了波达计数排序融合法,它是一种每个分类器为所有身份形成一个优先排序的过程（Borda,1781）。波达计数法是应用最广泛的排序融合方法,它使用由各个匹配器确定的排序总和,计算最终的排序。

算法 5.3 显示了文献（Borda,1781）中的波达分数的计算过程。

算法 5.3:波达计数法

步骤 1:从不同的生物特征分类器得到 3 个排序列表。

步骤 2:对所有的排序列表,进行如下步骤。

步骤 2a：对 3 个排序列表中所有的身份，进行如下步骤。

步骤 2a(i)：利用下面计算波达总分数的等式，求出每一个身份的波达总分数，即

$$B_c = \sum_{i=1}^{n} B_i \qquad (5.4)$$

式中：n 为排序列表的数量；B_i 为第 i 个排序列表中的波达分数。

步骤 3：按升序对 B_c 进行排序，用相应的身份进行替换。

这种方法正常工作的假设条件是分配的排序是独立的，并且匹配器的质量是相似的。每一类的波达计数表示匹配器对输入模式属于该类的共识。这种方法的优点是很容易实现，不需要训练阶段。这些属性使得把波达计数法整合进多模态生物特征识别系统是可行的。这种方法的缺点是不考虑单个匹配器的能力差异，假设所有匹配器的运行效果一样好。但是在大多数实际的生物特征识别系统中，这种假设通常是不成立的。这使得波达计数法极易受到弱分类器的影响。例如，假设有 5 个分类器，如果对于某一个身份，5 个分类器中有 4 个把该身份排序为 1，而第 5 个分类器把该身份排序为 27，那么该身份的波达分数是 31。假设对于另一个身份，5 个分类器对其排序分别是 2、3、6 和 2，那么该身份的波达分数是 15。第 2 个身份的波达分数比第 1 个身份的波达分数低，所以在共识排序列表中，第 2 个身份会排在第 1 个身份的前面。这是因为第 5 个分类器性能不佳，它对第 1 个身份排序出现了较大的偏差。为了解决这个问题，Abaza 和 Ross 在 2009 年对现有的波达计数法做了修改，通过丢弃不能够产生良好结果的分类器的输出来提高性能(Abaza & Ross,2009)。根据他们的修改，在调用基于 Nanson 函数(Fishburn,1990)的融合方案之前，淘汰最差的排序，这可以称为波达淘汰法。

Nanson 函数首先淘汰最弱的排序，即

$$\max_{i=1}^{n} B_i = 0 \qquad (5.5)$$

然后，计算剩下排序的合格的波达分数(Abaza & Ross,2009)。在这个实现中，会淘汰最弱的排序。对于前面的例子，应用 Nanson 修改，第 5 个分类器(最弱的分类器)的排序将是 0。那么，第 1 个身份融合后的波达分数将是 4，第 2 个身份融合后的波达分数将是 9。因此，在最终的共识排序列表中，第 1 个身份将排在第 2 个身份的前面。

5.6　逻辑回归排序融合法

逻辑回归法是波达计数法的一种变体，通过计算各个排序的加权和，实现排序级融合(Ho,Hull,& Srihari,1994)。在这种方法中，根据单个匹配器对身份的排序

与权重乘积的和,对身份进行排序,可以得到最终的共识排序。

算法 5.4 显示了文献(Ho,Hull,& Srihari,1994)中的波达分数的计算过程。

算法 5.4:逻辑回归法

步骤 1:从不同的生物特征分类器得到 3 个排序列表。

步骤 2:给所有的排序列表分配不同的权重。

步骤 3:对所有的排序列表,进行如下步骤。

步骤 3a:对 3 个排序列表中所有的身份,进行如下步骤。

步骤 3a(i):利用下面计算波达总分数的等式,求出每一个身份的波达总分数,即

$$R_c = \sum_{i=1}^{n} W_i R_i \tag{5.6}$$

式中:n 为排序列表的数量;R_i 为第 i 个排序列表中的波达分数;W_i 为分配给第 i 个分类器的权重。

步骤 4:按升序对 R_c 进行排序,用相应的身份进行替换。

通过多次系统试运行和应用常识,可以获悉系统的识别性能,而识别性能决定了给各个匹配器分配的权重。当不同的匹配器在准确度上存在明显差异时,这种方法非常有用,但是需要一个用于确定权重的训练阶段。另外,对生物特征识别系统性能有直接影响的关键因素之一,是生物特征样本的质量。因此,单一匹配器的性能会随不同的样本集而变化,这使得权重分配过程更加具有挑战性。与单模态匹配器相比,如果权重分配不合适,那么使用逻辑回归法最终会降低这个多模态生物特征识别系统的识别性能。因此,在某些情况下,逻辑回归法不能用于排序融合。

图 5.1 举例说明了常规的最高序号法、波达计数法和逻辑回归法。其中,逻辑回归法的权重分配为:人脸匹配器的权重 = 0.1,耳朵匹配器的权重 = 0.5,签名匹配器的权重 = 0.4。在这个例子中,排序值越小,结果越准确。如图 5.1 所示,受试者 1 通过人脸、耳朵和签名匹配器的排序分别是 1、2 和 2。使用最高序号法,受试者 1 的融合分数是 1。同理,受试者 2 至受试者 5 的融合分数分别是 1、3、2 和 3。在受试者 1 与受试者 2 之间、受试者 3 与受试者 5 之间,存在两个平局。这两个平局可以被任意打破。因此,经过重新排序,在最终的排序列表中,受试者 1 得到最高位置,而受试者 2 则位居第 2 位。

如果使用波达计数法,那么首先需要对初始排序求和。这样可以得到受试者 1 至受试者 5 的融合分数,分别是 5、7、13、9 和 11。由于受试者 1 的融合分数最低,因此在重排序列表中,受试者 1 位于最高的位置,而受试者 2 则位居第 2 位。

如果使用逻辑回归法,那么需要给匹配器分配权重,而权重是由匹配器的识别

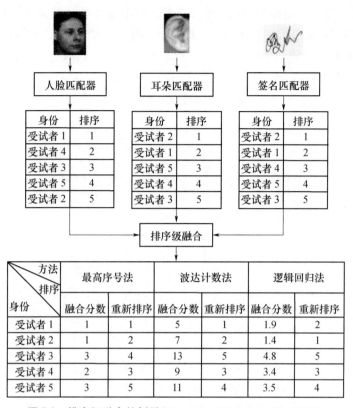

图 5.1　排序级融合的例子（Ross, Nandakumar, & Jain, 2006）

性能决定的。对于这个系统,假设分配给人脸匹配器的权重是 0.1,分配给耳朵匹配器的权重是 0.5,分配给签名匹配器的权重是 0.4。通过大量的实验,评估这 3 个匹配器的性能,并且考虑以往的研究结果,最终确定分配给各个匹配器的权重。对于这个系统,假设具有最小权重的匹配器比其他匹配器工作得更好。在这个例子中,给人脸匹配器分配的权重最小,表示人脸匹配器比耳朵匹配器或者签名匹配器工作得更好。通过计算各个身份在初始排序列表中的位置与分配给每个匹配器的合适权重的乘积,可以求得各个身份的融合分数。使用这种方法,可以求出受试者 1 至受试者 5 的融合分数,分别是 1.9、1.4、4.8、3.4 和 3.5。因此,受试者 2 位居重排序列表的最高位置。

5.7　图像质量排序融合法

图像质量排序融合法不仅依靠单模态分类器的排序列表,而且依赖输入图像的质量。通常,对其他的生物特征排序融合法进行修改,把输入图像的质量纳入排序因素,就可以得到这种方法。图像质量融合法通常没有任何训练阶段,因此能够用于其他生物特征信息融合过程,例如基于模糊逻辑的融合过程。图像质量融合法没有特定的规则或通用方程。研究人员可以把这种方法应用到任何现有的方法中,用于提高辨识率或验证率。例如,Abaza 和 Ross 对现有的波达计数法进行了修改,把输入图像的质量纳入等式,从而提出了一种图像质量排序融合法(Abaza & Ross,2009)。图 5.2 显示了图像质量排序融合法的示例框图。

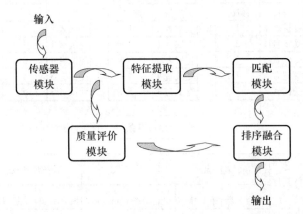

图 5.2　图像质量排序融合(Abaza & Ross,2009)

如前所述,波达计数法的主要缺点是不能够很好地解决一个或多个弱分类器的问题。在逻辑回归法中,这是给不同的分类器输出增加统计计算权重的动机。然而,对于不同的分类器来说,计算这些权重需要一个训练阶段。但是当可以把图像质量纳入处理时,就不再需要额外的训练阶段了。在这个过程中,波达计数法会直接使用输入数据的质量。

这样一来,可以重新规定身份的波达分数的计算步骤,如算法 5.5 所示。

算法 5.5:图像质量融合法

步骤 1:从不同的生物特征分类器得到 3 个排序列表。

步骤 2:对全部身份,按照不同的质量,分配不同的参数。

步骤 3:对所有的排序列表,进行如下步骤。

步骤 3a:对 3 个排序列表中所有的身份,进行如下步骤。

步骤 3a(i):利用下面计算波达总分数的等式,求出每一个身份的波达总分数,即

$$B_c = \sum_{i=1}^{n} Q_i B_i \tag{5.7}$$

式中:n 为排序列表的数量;B_i 为第 i 个排序列表中的波达分数;为特定身份定义 $Q_i = \min(Q_i)$,Q_i 表示采集的指纹压痕图像与指纹压痕图像库的质量。

步骤 4:按升序对 B_c 进行排序,用相应的身份进行替换。

权重因子 Q_i 可以减少低质量生物特征样本的影响,如图 5.3 所示。

质量好的人脸图像样本

质量差的人脸图像样本

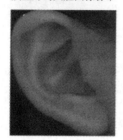

质量好的耳朵图像样本

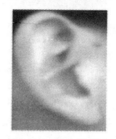

质量差的耳朵图像样本

图 5.3　生物特征识别系统的质量好与质量差的输入样本

5.8　本章小结

本章综述了现有的用于多模态生物特征识别系统的各种排序级融合方法。排序级融合方法包括多数投票法、最高序号法、波达计数法、逻辑回归法和图像质量排序融合法。在当前科技发展最新水平的学科背景下,讨论了这些排序融合方法的优缺点。而且,借助恰当的图表,显示了多种可用的排序融合方法的结果。第 6 章将讨论一种新的排序融合方法,即基于马尔可夫链的排序融合方法。与传统的排序融合方法相比,基于马尔可夫链的排序融合方法具有诸多优点。第 7 章将以多生物特征识别系统为应用背景,介绍基于模糊融合的新方法。

参 考 文 献

Abaza A,Ross A. (2009). Quality based rank – level fusion in multibiometric systems. In Proceedings of 3rd IEEE International Conference on Biometrics:Theory,Applications and Systems. Washington,DC:IEEE.

Ailon N. (2010). Aggregation of partial rankings,p – rating and top – m lists. Algorithmica,57(2),284 – 300. doi:10. 1007/s00453 – 008 – 9211 – 1.

Ailon N, Charikar M, Newman A. (2005). Aggregating inconsistent information: ranking and clustering. In Proceedings of 37th Annual ACM Symposium on Theory of Computing (STOC), (pp. 684 – 693). Baltimore, MD: ACM.

Black D. (1963). The theory of committees and elections (2nd ed.). Cambridge, UK: Cambridge University Press.

Borda J C. (1781). M'emoire sur les 'elections au scrutin. Paris, France: Histoire de l' Acad' emie Royale des Sciences.

Fagin R. (1999). Combining fuzzy information from multiple systems. Journal of Computer and System Sciences, 58 (1), 83 – 99. doi: 10. 1006/jcss. 1998. 1600.

Farah M, Vanderpooten D. (2008). An outranking approach for information retrieval. Information Retrieval, 11 (4), 315 – 334. doi: 10. 1007/s10791 – 008 – 9046 – z.

Fishburn P C. (1990). A note on "A note on Nanson's rule". Public Choice, 64 (1), 101 – 102. doi: 10. 1007/BF00125920.

Gavrilova M L, Monwar M M. (2009). Fusing multiple matcher's outputs for secure human identification. International Journal of Biometrics, 1 (3), 329 – 348. doi: 10. 1504/IJBM. 2009. 024277.

Gavrilova M L, Monwar M M. (2011). Current trends in multimodal biometric system – rank level fusion. In Wang P S P(Ed.), Pattern Recognition, Machine Intelligence and Biometrics (PRMIB). Berlin, Germany: Springer. doi: 10. 1007/978 – 3 – 642 – 22407 – 2_25.

Ho T K, Hull J J, Srihari S N. (1994). Decision combination in multiple classifier systems. IEEE Transactions on Pattern Analysis and Machine Intelligence, 16 (1), 66 – 75. doi: 10. 1109/34. 273716.

Kumar A, Shekhar S. (2010). Palmprint recognition using rank level fusion. In Proceedings of IEEE International Conference on Image Processing, (pp. 3121 – 3124). Hong Kong, China: IEEE.

Monwar M M, Gavrilova M L. (2009). Multimodal biometric system using rank – level fusion approach. IEEE Transactions on Systems, Man, and Cybernetics – Part B: Cybernetics, 39 (4), 867 – 878. doi: 10. 1109/ TSMCB. 2008. 2009071 PMID: 19336340.

Monwar M M, Gavrilova M. (2010). Secured access control through Markov chain based rank level fusion method. In Proceedings of the 5th International Conference on Computer Vision Theory and Applications (VISAPP), (pp. 458 – 463). Angers, France: VISAPP.

Pennock D M, Horvitz E. (2000). Social choice theory and recommender systems: analysis of the axiomatic foundations of collaborative filtering. In Proceedings of Seventeenth National Conference on Artificial Intelligence and Twelfth Conference on Innovative Applications of Artificial Intelligence, (pp. 729 – 734). Austin, TX: IEEE.

Pihur V, Datta S, Datta S. (2008). Finding common genes in multiple cancer types through meta – analysis of microarray experiments: a rank aggregation approach. Genomics, 92, 400 – 403. doi: 10. 1016/j. ygeno. 2008. 05. 003 PMID: 18565726.

Ross A, Jain A K. (2003). Information fusion in biometrics. Pattern Recognition Letters, 24, 2115 – 2125. doi: 10. 1016/S0167 – 8655(03)00079 – 5.

Ross A A, Nandakumar K, Jain A K. (2006). Handbook of multibiometrics. New York, NY: Springer.

Truchon M. (1998). An extension of the Condorcet criterion and Kemeny orders. Cahier 9813. Rennes, France: University of Rennes.

第6章

基于马尔可夫链的多模态生物特征排序融合

马尔可夫链(MC)是一种表示随机过程的数学模型。本章将讨论用于多模态生物特征认证系统的基于马尔可夫链的排序级融合方法。由于现有的生物特征排序融合方法存在一些固有问题,因此基于马尔可夫链的生物特征排序融合最近在生物特征识别的背景下应运而生。本章将提出马尔可夫链的概念及其构建机制,并在其他排序融合框架下讨论对马尔可夫链进行的一些早期研究。另外,为了评价基于马尔可夫链的生物特征排序融合方法的性能,本章将详细地介绍近期这种方法在基于人脸、耳朵和虹膜等生物特征应用框架下的实验过程。

6.1 引言

第 5 章提出了各种各样的排序级融合方法。这些方法包括用于多模态生物特征识别系统的多数投票法、最高序号法、波达计数法、逻辑回归法和图像质量排序融合法。在这些方法中,逻辑回归法一贯具有高性能,但是它仍然存在一些缺点。对于不同的数据集,通过这种方法得到的结果可能变化很大,这是因为这些数据集具有不同的质量。对于具有相同图像质量的多模态数据集,逻辑回归法会产生与波达计数法相似的结果,这是因为给不同的生物特征匹配器的输出分配了相同的权重。因此,需要给不同的匹配器分配合适的权重(比较不同质量的数据集)。这需要适当的学习方法,是一项耗时的任务。而且,不合适的权重分配可能导致错误的识别结果。更进一步,多模态生物特征数据库的规模通常很大,所以只把前几个结果认为是最后的重新排序。因此,基于排序的多模态生物特征识别系统有一个非常常见的情况,即一些结果可能被几个分类器排序在前,其余的分类器甚至不输出结果。在这种情况下,逻辑回归法不具有良好的识别性能。因此,卡尔加里大学生物特征识别技术实验室最近开发了一种新的使用马尔可夫链的排序融合方法。这种方法可以有效地应用于含有不同质量数据集的多模态生物特征认证系统。在其他的信息融合应用中,该方法也得到了成功应用。在本章中,将对这种方法进行总体描述,包括马尔可夫链的定义,马尔可夫链在多模态生物特征融合应用中的优缺点,以及先前对马尔可夫链做过的研究和它在排序级融合中的应用。

6.2 马尔可夫链

马尔可夫链是用俄罗斯数学家 Andrei Andreyevich Markov 的名字命名的,它是一种表示随机过程的数学模型(Markov,1906)。马尔可夫链有一组状态 $S = \{s_1, s_2, \cdots, s_r\}$。这个过程是从这些状态之一开始的,依次地从一种状态转移到另一种状态(Kemeny,Snell,& Thompson,1974)。每转移一次,称为一个步骤。如果马尔可夫链目前处于状态 s_i,那么它能够以概率 p_{ij} 转移到状态 s_j。在过程的开始,预先设置这个概率,它不取决于状态如何达到。概率 p_{ij} 被称为转移概率。这个过程能够以概率 p_{ii} 保持在同一状态。起始状态是由初始概率分布给定的(Kemeny,Snell,& Thompson,1974)。

下面的例子说明了马尔可夫链是如何工作的。假设有一支运动队,其表现高度依赖先前的输赢历史记录。如果这支运动队赢了,那么在下一场比赛中,会有50%的概率赢,25%的概率平局或输。如果这支运动队平局,那么会有75%的概率再次平局,有25%的概率输掉下一场比赛。最后,如果这支运动队输了,那么在下一场比赛中,会有50%的概率输,也有50%的概率赢。

现在,可以构建一个马尔可夫链。在这个例子中,状态有 W(赢)、T(平局)和 L(输)。可以用矩阵形式表示转移概率,即

$$\boldsymbol{P} = \begin{array}{c} \\ \text{W} \\ \text{T} \\ \text{L} \end{array} \begin{array}{ccc} \text{W} & \text{T} & \text{L} \\ \begin{bmatrix} 1/2 & 1/4 & 1/4 \\ 0 & 3/4 & 1/4 \\ 1/2 & 0 & 1/2 \end{bmatrix} \end{array} \tag{6.1}$$

在这个例子中,矩阵 $\boldsymbol{P}$ 的第一行元素表示这支运动队在下一场比赛中赢、平局或输的概率。第二行和第三行的元素表示在平局(第二行)或输(第三行)之后的赢、平局或输的概率。这样的阵列,通常称为转移概率矩阵,或转移矩阵。

通过这个矩阵,可以确定未来的一场、两场或任意场比赛的赢、平局或输的概率。

现在考虑一个更加具体的例子,这个例子展示了马尔可夫链的主要原理。假设两个朋友 Mike 和 Charles 共享一本图书馆的图书。如果这个星期 Mike 借出了这本图书,那么下个星期他仍然持有这本图书的概率是80%。另一方面,如果 Charles 借出了这本图书,那么下个星期他仍然持有这本图书的概率是60%。利用这个信息,可以构建马尔可夫链,如式(6.2)所示,能够解决每一位朋友持有这本图书的时间百分比的问题。

状态可以作为 Mike(M)和 Charles(C)持有这本图书的概率,根据上面的信息,可以确定转移概率为

$$
\boldsymbol{P} = \begin{array}{c} \\ \text{M} \\ \text{C} \end{array} \begin{array}{cc} \text{M} & \text{C} \\ \begin{bmatrix} 0.8 & 0.2 \\ 0.4 & 0.6 \end{bmatrix} \end{array} \tag{6.2}
$$

在这个例子中,如果 Mike 持有这本图书,那么转移矩阵 $\boldsymbol{P}$ 的第一行元素就表示在接下来的一周这本书的状态的概率。同理,如果 Charles 持有这本图书,那么第二行元素就表示在接下来的一周这本书的状态的概率。

现在考虑概率确定的问题。假设这本图书在这个星期的状态是 i,从现在起两个星期后的状态将是 j。那么,可以用 p_{ij}^2 表示这个事件的概率。在这个例子中,还可以看出,如果这个星期 Mike 持有这本图书,那么从现在起两个星期后 Charles 持有这本图书的事件是下面两个不相交的事件的并集:

(1)下个星期 Mike 持有这本图书,从现在起两个星期后 Charles 持有这本图书。

(2)下个星期 Charles 持有这本图书,从现在起两个星期后 Charles 持有这本图书。

在这两个事件中,第一个事件的概率是两个条件概率的乘积。其中,第一个条件概率是在这个星期 Mike 持有这本图书的假设条件下,下个星期 Mike 继续持有这本图书的概率;第二个条件概率是在下个星期 Mike 持有这本图书的假设条件下,从现在起两个星期后 Charles 持有这本图书的概率。这与文献(Kemeny,Snell,& Thompson,1974)中描述的"绿野仙踪"问题相似。

利用转移矩阵 $\boldsymbol{P}$,这个乘积可以写为 $p_{11}p_{12}$。另一个事件的概率,也可以用转移矩阵 $\boldsymbol{P}$ 的元素的乘积来表示。这样,可以得到式(6.3),即

$$
p_{12}^2 = p_{11}p_{12} + p_{12}p_{22} \tag{6.3}
$$

通常,如果马尔可夫链具有 r 个状态,那么有

$$
p_{ij}^2 = \sum_{k=1}^{r} p_{ik}p_{kj} \tag{6.4}
$$

因此,可以求得 $\boldsymbol{P}^2$ 的转移概率,它是从现在起两个星期后这本图书的状态的概率,即

$$
\boldsymbol{P}^2 = \begin{array}{c} \\ \text{M} \\ \text{C} \end{array} \begin{array}{cc} \text{M} & \text{C} \\ \begin{bmatrix} 0.72 & 0.28 \\ 0.56 & 0.44 \end{bmatrix} \end{array} \tag{6.5}
$$

使用这种方法,可以得到 $\boldsymbol{P}^6$,它是从现在起 6 个星期后这本图书的状态的概率,即

$$\text{M} \quad \text{C}$$

$$P^6 = \begin{matrix} \text{M} \\ \text{C} \end{matrix} \begin{bmatrix} 0.668 & 0.332 \\ 0.664 & 0.336 \end{bmatrix} \qquad (6.6)$$

或者,可以写成

$$\text{M} \quad \text{C}$$

$$P^6 \approx \begin{matrix} \text{M} \\ \text{C} \end{matrix} \begin{bmatrix} 2/3 & 1/3 \\ 2/3 & 1/3 \end{bmatrix} \qquad (6.7)$$

当 n 越大时,P^n 越接近下面的矩阵,即

$$\begin{bmatrix} 2/3 & 1/3 \\ 2/3 & 1/3 \end{bmatrix} \qquad (6.8)$$

这意味着不论这个星期(起始星期)谁持有这本图书,都可以得出这样一个结论,Mike 持有这本图书的概率是 0.67(或 2/3),Charles 持有这本图书的概率是 0.33(或 1/3)。

因此,矩阵

$$\begin{bmatrix} 2/3 & 1/31 \end{bmatrix} \qquad (6.9)$$

称为这个马尔可夫链的平稳矩阵。这是因为对于任何初始概率分布,它保持不变。马尔可夫链的这种平稳分布性质,可以用于马尔可夫链的排序融合。由初始排序列表(从不同的分类器输出得到)构建一个马尔可夫链之后,计算马尔可夫链的平稳分布。然后以平稳分布为基础,得到共识排序列表。

6.3　对马尔可夫链的研究

马尔可夫链以多种方式应用于许多不同的领域。它们或者用作与一些随机物理过程相对应的数学模型,或者模拟一个抽象的理论概念。马尔可夫链的应用领域包括物理(热力学、统计力学)、化学(酶活性)、共聚物的生长、统计(统计检验、贝叶斯推理等)、互联网应用(网页排序、分析用户的网络浏览行为等)、经济学、金融、信息科学(用于模式识别的隐马尔可夫模型 HMM、用于纠错的维特比算法)、生物信息学、社会科学教育、股票市场预测、音乐和体育(Grinstead & Snell,1997)。

2007 年,为了从大吞吐量的实验数据中选择共识生物标识,Dutkowski 和 Gambin 使用了马尔可夫链方法(Dutkowski & Gambin,2007)。他们为共识生物标识的特征选择提出了两种解决方案,重点评价了哪种标准会产生更好的选择。

文献(Dutkowski & Gambin,2007)提出的第一种方法,是以根据几个特征选择程序的结果计算共识排序为基础的。这种方法使用了一个适当定义的马尔可夫链

的平稳分布。作者提出的马尔可夫链的状态,对应于由各种评分函数排序后的特征,转移概率取决于特征在给定的部分排序中的位置。根据平稳概率对状态列表进行排序,可以得到融合的共识排序。作者还声称,由于具有原创性的近似算法,因此这种方法对大数据库具有高性能(Dutkowski & Gambin,2007)。文献(Dutkowski & Gambin,2007)提出的第二种方法,是以主成分分析(PCA)为基础的。主成分分析是一种众所周知的方法,在具有最大方差的原始变量的生物特征投影方法中获得了广泛应用。对于给定的问题,因为样本具有显著的多样性,所以这种方法的效果很好。因此,这种方法的目标在于保存类间方差,而不是保存总体方差。为了提高方法的辨别能力,该方法只对差别最大的变量组使用主成分分析(Dutkowski & Gambin,2007)。

马尔可夫链方法的另一个完全不同的应用领域是网页排序。为了减少元搜索中的搜索引擎垃圾邮件,文献(Dwork,Kumar,Naor,& Sivakumar,2001)提出了一种排序融合方法。该文献指出,Kemeny 最优融合符合应用要求,并且开发了一种称为“Kemeny 局部最佳优选法”的自然松弛方法。这项研究显示了如何从任意初始排序产生一个最大限度一致的 Kemeny 局部最优解。在该文献中,对马尔可夫链方法与其他位置排序融合方法进行了比较,发现马尔可夫链方法优于其他几种排序融合方法。

文献(Gambin & Pokarowski,2001)提出了一种用于大的马尔可夫链的平稳分布的组合聚集算法。该文献指出,当马尔可夫链的状态空间足够大时,所提方法表现良好,而其他直接的迭代方法则效率低下。文献所提方法以马尔可夫链状态分组为基础,通过这种方式,组内状态变化的概率比组间相互作用的概率高。该文献(Gambin & Pokarowski,2001)声称,所提方法可以视为“著名的马尔可夫链树定理的一种算法化”。在该文献中,使用所提方法对几个标准例子进行了实验,实验结果表明,所提方法对许多实际问题是有用的。

对于类似的项目,Sculley 把马尔可夫链用于排序融合,进行了不同的尝试(Sculley,2006)。在文献(Sculley,2006)中,假设排序融合过程是无监督的模拟回归,其目标是找到一个能够最小化每一个给定的排序列表的距离的融合排序。在这项研究中,通过不同的方式添加相似性信息,解决了含噪、不完整或不相交的排序列表的融合问题。这种方法的动机是若项目相似,则排序也相似,并且会为数据产生一个适当的相似性度量。

为了包括项目之间相似性的作用,该文献(Sculley,2006)给出了扩展现有的用于排序融合的标准方法的几个例子。例如,在这项研究中,举例说明了以下问题(Sculley,2006)。

来自两位专家的排序列表如下:

专家 1:A,B,C

专家 2:C′,D,E

项目 C 和 C′非常相似。然而，大多数方法会认为这两个列表是不同的，排序融合的结果如下：

融合 1：A，C′，B，D，C，E

融合 2：C′，A，D，B，E，C

根据文献（Sculley，2006）可知，这些融合中的每一种都是不正确的，该文献提出利用相似性度量可以得到下面考虑了 C 和 C′之间相似性的融合：

融合 3：A，B，C′，C，D，E

文献（Sculley，2006）还提出了一种扩展的 Kendall Tau 度量，这种度量有助于考虑排序列表中的相似性信息。在该文献中，计算了马尔可夫链的相似性变换，与许多情况类似，当输入列表不相交时，计算会失败，如图 6.1 所示。这种方法引入了相似性变换，能够把其他方法留下的不相交的马尔可夫链岛联系起来。

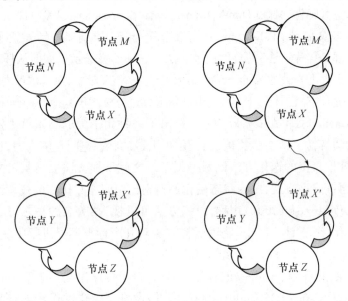

图6.1　使用马尔可夫链的具有相似性的不同项目的排序融合（Sculley，2006）

该文献的重要贡献是以节点之间的相似性度量为基础，定义了相似性变换。因此，项目的排序不仅取决于其排序是高于或低于给定的项目，而且取决于与给定项目类似的项目。该文献还列举了广告商和搜索引擎开发者使用这种方法的例子，这些例子非常有说服力。

6.4　基于马尔可夫链的多模态生物特征融合

2011 年，Monwar 和 Gavrilova 把马尔可夫链作为一种方法，用于生物特征排序融合（Monwar & Gavrilova，2013）。这种方法把当前的生物特征排序融合方法带入了全新领域,可以有效地用于国土与边境安全部队,以及其他情报服务。

文献(Monwar & Gavrilova,2013)认为,生物特征排序融合类似于投票机制。在多模态生物特征排序融合方法中,分类器被认为是投票人。因此,如果在一个多模态生物特征识别系统中使用了 3 种生物特征,那么系统中投票人的数量就是 3。以测试和模板生物特征数据的相似性或距离的分数为基础,这 3 个投票人(分类器)会产生 3 个排序列表。最后的步骤是整合来自 3 个投票人(分类器)的排序列表,形成一个共识排序列表,从系统中找出所需的身份或选择。

在通常的投票方法评价中,最重要的事情是确保投票系统的公平性。下面是 18 世纪法国数学家提出的常用的公平性标准,现代投票系统研究采用了这些标准 (Condorcet,1785):

1. 大多数标准

如果在排序列表中存在一种选择,可以获得大多数匹配器排序最靠前的位置,那么这种选择应该是赢家。

2. 孔多塞标准

如果存在一种能够在成对投票反对彼此中胜出的选择,那么这种选择应该认为是投票选举的赢家。需要注意的是,不一定有这样的选择。这种选择被称为孔多塞赢家。

3. 孔多塞输家

如果存在一种能够在成对投票反对彼此中失败的选择,那么这种选择应该认为不是投票选举的赢家。这种选择被称为孔多塞输家。

4. 无关选择的独立性标准

如果根据许多排序列表建立一个共识排序列表,并且一种选择被声明为最高排序,那么在任何重新计算选票时,因为一个或多个排序更低的选择退出了,所以这个胜出的选择应该保持最高排序。

5. 帕累托标准

如果在每一个匹配器中都至少有一个选择(例如选择 a)优于其他选择(例如选择 b),那么选择 b 应该不可能赢。

6. 单调性标准

如果在排序选择中唯一的变化有利于候选人,那么在重新融合过程中,排序最高的选择应该不可能失败。

7. 中立性标准

应该平等地对待所有匹配器。没有哪个匹配器对任何一种选择有特殊影响。同样地,应该平等地对待所有选择。与其他选择相比,没有哪种选择拥有更多的特权。

在上述所有公平性标准中,研究人员认为孔多塞标准是最重要的标准。因此,在设计基于多模态生物特征信息的排序融合系统时,应该更注重于寻找一种能够满足公平排序(投票)过程的孔多塞标准的合适方法。

遗憾的是,前面章节介绍的排序融合方法里,没有一种方法能够确保选出孔多塞赢家。图 6.2 举例说明了两种违背孔多塞标准的排序融合方法,即最高序号融合法和波达计数排序融合法。

人脸匹配器	耳朵匹配器	虹膜匹配器
身份 X	身份 Y	身份 M
身份 Y	身份 Z	身份 X
身份 N	身份 N	身份 Y
身份 Z	身份 X	身份 N
身份 M	身份 M	身份 Z

最高序号法	波达计数法
身份 M	身份 Y
身份 Y	身份 X
身份 X	身份 N
身份 Z	身份 M
身份 N	身份 Z

图 6.2 最高序号融合法和波达计数排序融合法
(这两种融合方法都违背了孔多塞标准)

因此,在生物特征排序融合过程中使用马尔可夫链排序融合法,能够确保选出孔多塞赢家(Monwar & Gavrilova,2013)。在这种排序融合方法中,假设存在一个关于注册身份的马尔可夫链,并且(从不同生物特征匹配器得到的)排序列表中的那些身份之间的次序关系,表示了马尔可夫链中的转换。那么,可以使用马尔可夫链的平稳分布,对身份进行排序(Monwar & Gavrilova,2013)。根据文献(Sculley,2006)开发的算法,由马尔可夫链法构建共识排序列表,并在图 6.3 中进行了总结。

步骤 1: 把排序列表集映射到一个马尔可夫链上,其中,马尔可夫链的一个节点表示初始排序列表中的一个身份。
步骤 2: 计算马尔可夫链的平稳分布。
步骤 3: 以平稳分布为基础,排序身份。在平稳分布中,把具有最高分数的节点排在列表的最前端,依此类推,把具有最低分数的节点排在列表的最末端

图 6.3 马尔可夫链排序融合法的步骤(Sculley,2006)

这种用于生物特征排序融合的马尔可夫链方法有几个优点。这种方法能够很好地处理部分排序列表,提供所有候选人相互之间更客观的比较。

马尔可夫链方法还能够处理参差不齐的比较,也就是说,当初始排序列表的结果非常不同的时候,也可以使用这种方法。因此,在一项致力于在排序融合方案中使用马尔可夫链的理论工作中(Dwork,Kumar,Naor,& Sivakumar,2001),作者指出,用于整合排序的启发式方法的动机是一些根本原则,马尔可夫链模型可以被看作是那些启发式方法的自然延伸。例如,所考虑的波达计数法是以"赢得越多越好"的理念为基础的。文献(Dwork,Kumar,Naor,& Sivakumar,2001)建议扩展这个概念,例如"对付好的玩家,赢得更多就更好了",这样做可以迭代优化启发式方法产生的排序。一些用于生物特征排序融合的马尔可夫链模型可以被看作是波达计数法的自然延伸,它们能够通过几何平均或科普兰方法(Copeland,1951)进行排序。将在下文给出科普兰方法的说明。

文献(Dwork,Kumar,Naor,& Sivakumar,2001)提出了 4 种特定的马尔可夫链:MC_1、MC_2、MC_3 和 MC_4。它们在排序或选择下一个状态的方式上有所区别。正像文献(Monwar & Gavrilova,2013)所述,这些马尔可夫链可以用于生物特征排序融合。假设马尔可夫链的当前状态是 a。在多模态生物特征识别系统的应用背景下,它们定义如下(Monwar & Gavrilova,2013)。

MC_1:从由某个分类器排序且至少像 a 一样高的所有身份构成的多重集里,一致地选择身份 b。停留在 a 的概率等于 a 的排序平均值。

MC_2:随机一致地选择分类器 i,从身份中随机一致地选择由第 i 个分类器排序的至少像 a 一样高的身份。

MC_3:随机一致地选择分类器 i,随机一致地选择身份 b。如果第 i 个分类器对 b 的排序比 a 高,那么跳转到 b;否则,停留在 a。

MC_4:随机一致地选择身份 b。如果大多数分类器对 b 的排序比 a 高,那么跳转到 b;否则,停留在 a。

在这 4 种方法中,只有最后一种方法满足孔多塞标准。

科普兰方法:通过成对的多数获胜的数量减去成对的多数失败的数量,可以对身份进行排序。科普兰方法满足扩展的孔多塞条件,并且通过 MC_4 得以推广(Dwork,Kumar,Naor,& Sivakumar,2001)。

图 6.4 显示了马尔可夫链和以 MC_4 为基础的转移矩阵。在这个例子中,假设 4 个人被 3 个分类器或匹配器分类。

每一个分类器只输出排序列表中的前 3 个结果,也就是说,每一个分类器输出部分列表。根据这些部分列表,可以创建一个完整的列表。列表中缺失的项目可以被随机地插入,或者通过检查部分列表来完善。在这个例子中,在 4 名受试者的第一个列表里,只缺失了一名受试者。

可以很容易地输出在列表末端的受试者,而且不需要考虑其他因素。因为第一个匹配器的列表已经包括了受试者 a、b 和 c,所以第四名受试者显然是 d。同

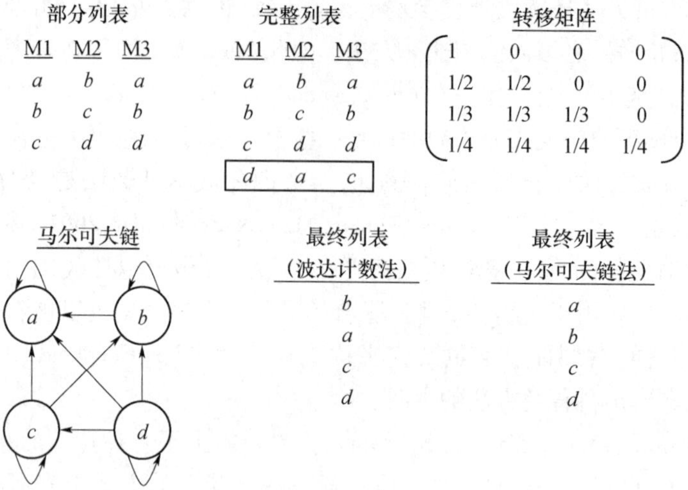

部分列表			完整列表			转移矩阵			
M1	M2	M3	M1	M2	M3				
a	b	a	a	b	a	1	0	0	0
b	c	b	b	c	b	1/2	1/2	0	0
c	d	d	c	d	d	1/3	1/3	1/3	0
			d	a	c	1/4	1/4	1/4	1/4

马尔可夫链	最终列表 (波达计数法)	最终列表 (马尔可夫链法)
	b	a
	a	b
	c	c
	d	d

图 6.4 马尔可夫链和由 3 个基于 MC_4 的排序列表构造的转移矩阵

理,因为第二个匹配器的列表已经列出的受试者是 b 、c 和 d ,所以这个列表的第四名受试者就是 a 。按照同样的方法,因为第三个匹配器的列表已经列出的受试者是 a 、b 和 d ,所以这个列表的第四名受试者就是 c 。

对于多个未列出的受试者,有两种方法可以使用。第一种方法是随机方法,对于从匹配器得到的部分列表里没有列出的受试者,通过这种随机方法,可以确定他们在列表里的位置,如图 6.5 所示。第二种方法是使用部分列表里未列出的受试者的相对位置,把这些未列出的受试者放入完整的排序列表里。如果相对位置不可用,那么可以使用一种类似于第一种方法的随机算法,把受试者放入最终的列表里,如图 6.6 所示。

以这些完整的列表为基础,可以创建一个转移矩阵。在图 6.4 中,因为考虑了4 名受试者,所以转移矩阵有 4 行和 4 列。第一行属于受试者 a ,同理,第二行、第三行和第四行分别属于受试者 b 、c 和 d 。同样地,第一列、第二列、第三列和第四列分别属于受试者 a 、b 、c 和 d 。在位置 $(1,1)$ 输入"1",表示状态 a 的唯一可能的转换状态是 a 。在位置 $(2,1)$ 输入"1/2",表示从状态 b 转换到状态 a 的概率是50% 。同理,从状态 b 转换到状态 b 的概率也是 50% 。换句话说,从状态 b ,只可能转换到状态 a 和状态 b (它本身状态)。而且,由转移矩阵的第四行可以明显看出,从状态 d 可以转换到其他所有状态。

根据 MC_4 的转移矩阵,可以构建一个马尔可夫链。用规定的箭头来表示从一种状态转换到另一种状态。运用科普兰方法,可以得到满足孔多塞标准的最终的排序列表,也就是说,利用出度值与入度值之差,可以对马尔可夫链的节点进行排序。图 6.4 还表明,如果对这些列表使用波达计数法,那么可以得到不满足孔多塞标准的最终列表。对于最高序号法,也许同样如此,这是因为在身份 a 和身份 b 之间存在一个平局。如果这个平局被随机打破,那么选择身份 b 作为赢家的概率是 50% ,这违反了孔多塞标准。由 6.5 小节给出的实验结果可以证实,马尔可夫链排序融合法优于其他排序融合法,例如最高序号法、波达计数法和逻辑回归法。

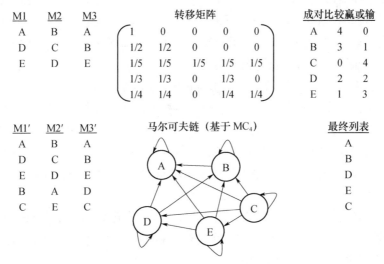

M1	M2	M3	转移矩阵					成对比较赢或输		
A	B	A	1	0	0	0	0	A	4	0
D	C	B	1/2	1/2	0	0	0	B	3	1
E	D	E	1/3	1/3	0	1/3	0	C	1	3
			1/3	1/3	0	1/3	0	D	1	3
			1/3	1/3	0	1/3	0	E	1	3

M1′	M2′	M3′	马尔可夫链(基于 MC_4)	最终列表
A	B	A		A
D	C	B		B
E	D	E		C
C	A	C		D
B	E	D		E

图 6.5　解决马尔可夫链排序融合法的部分列表问题:随机方法

M1	M2	M3	转移矩阵					成对比较赢或输		
A	B	A	1	0	0	0	0	A	4	0
D	C	B	1/2	1/2	0	0	0	B	3	1
E	D	E	1/5	1/5	1/5	1/5	1/5	C	0	4
			1/3	1/3	0	1/3	0	D	2	2
			1/4	1/4	0	1/4	1/4	E	1	3

M1′	M2′	M3′	马尔可夫链(基于 MC_4)	最终列表
A	B	A		A
D	C	B		B
E	D	E		D
B	A	D		E
C	E	C		C

图 6.6　解决马尔可夫链排序融合法的部分列表问题:相对位置方法

因此,这种方法能够很好地解决苛求安全性的多模态生物特征识别系统的身份辨识问题,特别是当匹配分数或特征集不可用的时候,以及单一生物特征匹配器只能输出身份的部分排序列表的时候。

6.5 实验获得的样本结果

为了评价基于马尔可夫链的排序级融合方法的性能,进行了相关的实验。在实验中,人脸、耳朵和虹膜被用作单模态生物特征。研究者们以几个因素(包括应用场合、相关成本和标识的可用性)为基础,对不同的生物特征标识展开了研究(Ross,Nandakumar,& Jain,2006)。选择是高度个性化的,取决于个别系统的要求、资源可用性、训练进度表和其他因素。

人脸是一种很常用的生物特征,这是因为对于身份识别来说,它是一种自然且获得广泛接受的方式(Bolle,Connell,Pankanti,Ratha,& Senior,2004)。在所有的生物特征中,人脸是用于身份辨识的最常见且大量使用的生物特征。人脸识别是一种友好的身份识别方式,具有非侵入性(Feng,Dong,Hu,& Zhang,2004)。人脸识别的优点包括人脸生物特征的公众接受度高、传感设备通用、结果容易验证(Wilson,2010)。

耳朵不是像人脸那样经常使用的生物特征。从积极的一面来看,对于每一个人来说,耳朵的解剖结构都是独一无二的,并且耳朵特征不随时间变化,可以使用形式化方法进行测量(Iannarelli,1989)。鉴于耳朵生物特征是有效的,并且因为它具有非侵入性,容易获得,可以用图像的形式表示,所以基于耳朵生物特征的辨识研究是有前途的(Burge & Burger,1996)。而且,可以使用与采集人脸图像类似的方式采集耳朵图像(也就是说,用于采集人脸图像的摄像机也可以用于采集耳朵图像),并且耳朵图像能够有效地用于监控。

通常认为,在现今所有可用的生物特征中,虹膜模式识别是最准确的。虹膜识别的缺点是传感设备的成本高,并且这种生物特征识别的大众可接受度低于人脸识别,甚至低于耳朵识别。尽管如此,它仍然是一种除了可以提供高认证之外,还适用于不同的样本组的非常快速的方法,而且可以灵活地用于辨识或验证模式,因此它是一种非常通用的生物特征识别技术,也适用于大群体(Iris Recognition,2003)。

在验证各种排序级融合方法性能的实验中,首先进行初始的单模态匹配。然后,系统输出每一种生物特征的前 n 个匹配。接下来,在选择了适当的排序融合方法之后,系统输出最终的辨识结果。

6.5.1 实验数据

对于现今的生物特征识别研究者来说,通常有 3 种可用的实验数据:

(1) 真实的多模态数据库;

(2) 虚拟的多模态数据库;

　　（3）合成的多模态数据库。

　　真实的多模态数据库,为研究者提供了验证方法的最好机会,这通常是商品化系统的测试要求。在这种数据库里,每一个用户为每一种生物特征模态提供全部的生物特征样本,并且被存储为原始数据或模板。然而,由于一些因素的影响,例如数据库的采集成本、数据安全受到损害的情况下的隐私问题、真实的多模态数据库的大小限制,因此经常使用虚拟的多模态数据库。

　　虚拟数据库可以让研究者在非常接近现实的环境中对真实数据进行实验,不需要牺牲完成项目所需的成本和时间。这是虚拟多生物特征数据库得到广泛应用的原因之一。文献(Ross,Nandakumar,& Jain,2006)说明了虚拟数据库的创建,它是通过把来自一个单模态数据库(例如人脸)的用户数据,与来自另一个单模态数据库(例如虹膜)的用户数据,组成一对而创建记录所构成的。创建虚拟用户,通常依赖于这样的假设:同一个人的不同的生物特征是独立的(Gavrilova & Monwar,2009)。另一种方法是考虑使用所有的生物特征均来自同一个用户的真实的多模态数据库。获得这样的数据库会更昂贵,并且积累这些数据时,隐私问题会变得更突出。

　　最后一种生物特征数据库是合成数据库。在单一的服务器甚至在分布式环境里存储真实的多模态数据库和虚拟的多模态数据库的风险高,而且这种高风险存在上升的趋势。2007 年,在世界科学出版社畅销的专著《图像模式识别:生物特征识别中的合成与分析》(*Image Pattern Recognition:Synthesis and Analysis in Biometrics*)(Yanushkevich,Wang,Gavrilova,& Srihari,2007)中,多次提到生物特征数据的合成。在这本综合性的专著里,说明了需要虚拟生物特征数据的强烈动机,并提供了生成虚拟指纹、签名、面部表情和虹膜的各种算法。

　　在文献(Monwar & Gavrilova,2013)的实验中,使用了一种创建虚拟数据库的方法。来自虹膜、耳朵和人脸三个不同的单模态数据库的数据,通过随机匹配组合成一个虚拟数据库。对于虹膜,使用了由中国科学院维护的 CASIA 虹膜图像数据库(版本 1.0)(Sino Biometrics,2004)。在这个版本的 CASIA 数据库中,虹膜图像是由自制的虹膜摄像机采集的。这个虹膜数据库包括对 108 只眼睛采集的 756 幅虹膜灰度图像,因此有 108 个类。对于每一只眼睛,在两个时间段里采集 7 幅图像,也就是说,在第 1 个时间段采集 3 个样本,在第 2 个时间段采集 4 个样本。自动检测 CASIA 虹膜图像数据库(版本 1.0)中所有虹膜图像的瞳孔区域,使用灰度值为常数的圆形区域进行替换,掩模镜面反射(Sino Biometrics,2004)。

　　从 USTB 数据库可以得到耳朵图像(USTB,2012)。这个数据库包括光照和方向变化的耳朵图像,受试者被邀请坐在距离摄像机 2m 远的地方,并改变其脸的方向。图像的大小是 300×400 像素。由于这个数据库中的耳朵图像具有不同的方向和图像模式,因此在使用这些耳朵图像之前,需要归一化(USTB,2012)。

　　对于人脸,可以使用人脸识别技术(FERET)数据库(Phillips,Moon,& Rauss,

1998）。FERET 数据库包括 24 个人脸图像类别。这些人脸图像是在乔治梅森大学和美国陆军研究实验室采集的,并且是在 1993 年至 1996 年期间的 15 个时间段记录到数据库中的。所有的人脸图像都是使用镜头焦距为 35mm 的摄像机采集的,最后转换为 8 位灰度图像。这个数据库包括 1199 名受试者的 14051 幅图像,图像大小是 256 × 384 像素。FERET 数据库中的人脸图像,在受试者的姿态、表情和光照方面有变化(Phillips,Moon,& Rauss,1998)。

　　为了给多模态系统构建虚拟多模态数据库,可以使用下面的方法。首先,对每一个数据集的所有的类(受试者)进行编号。然后,从每 3 个数据集中随机选择相同的类。接下来,把 3 个数据集的相同的类中的图像组成一对,形成虚拟多模态数据库的一个单独的类。一半的类被选择用于训练目的,其余的类用于测试目的。图 6.7 显示了由 CASIA 虹膜图像数据集、FERET 人脸图像数据集和 USTB 耳朵图像数据集创建的虚拟多模态数据库的一小部分。

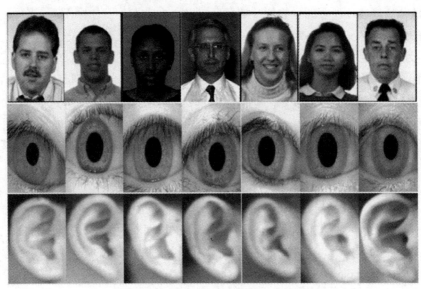

图 6.7　虚拟多模态数据库的一小部分
(Sino Biometrics,2004;USTB,2012;Phillips,Moon,& Rauss,1998)

　　为了充分测试所提出的多模态生物特征识别系统的性能,创建了第二个虚拟多模态数据库。图 6.8 显示了这个数据库的一组样本。在这个虚拟数据库中,使用了一个包括 102 幅灰度图像(17 名受试者,对每名受试者采集 6 幅图像)的公共领域的耳朵图像数据库(Perpinan,1995)。这些图像是使用灰度 CCD 摄像机 Kappa CF4(焦距为 16mm,物距为 25.5mm,光圈级数为 1.4 ~ 16)采集的,使用的程序是版本 1.52 的 VIDEO NT 威泰克多媒体成像系统。每一幅原始图像的分辨率是 384 × 288 像素,有 256 个灰度级。摄像机与受试者之间的距离约为 1.5m。在均匀光照条件下,对每名受试者的左侧面采集 6 幅图像。在采集图像过程中,允许头部位置发生轻微变化。17 名不同的受试者均来自西班牙马德里理工大学信息学院。然后,为了保持一致,在 Linux 系统里使用 xv 程序,对原始图像进行裁剪和旋转,使图像的高宽比是 1.6,并且稍微提高了图像的亮度,使 γ 值约等于 1.5(Perpinan, 1995)。

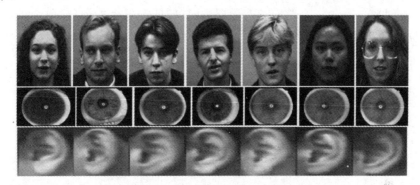

图 6.8　第二个虚拟多模态数据库的一部分(Perpinan, 1995;University of Essex, 2008;
Dobes, Martinek, Skoupil, Dobesova, & Pospisil, 2006)

在第二个虚拟多模态数据库中,人脸数据是来自英国埃塞克斯大学的英国计算机视觉科学研究项目(University of Essex, 2008)。在这个人脸数据集中,有 395 名受试者,对每名受试者采集了 20 幅人脸图像。几乎所有的受试者都是本科生,年龄在 18 岁至 20 岁之间。每幅图像的分辨率都是 180 × 200 像素。受试者既有男性,也有女性,图像的背景是纯绿色。在这个数据库中,受试者之间的光照和表情的变化是极小的(University of Essex, 2008)。

在第二个虚拟多模态数据库中,虹膜数据集来自捷克共和国奥洛穆茨市帕拉茨基大学计算机科学系(Dobes, Martinek, Skoupil, Dobesova, & Pospisil, 2006)。这个虹膜数据库有 64 名受试者,对每名受试者分别采集了 3 幅左眼虹膜图像和 3 幅右眼虹膜图像。

虹膜图像是 24 位 RGB 彩色图像,分辨率是 576 × 768 像素。这些虹膜图像是由连接有索尼 DXC - 950P 3CCD 摄像机的 TOPCON TRC50IA 光学设备扫描得到的(Dobes, Martinek, Skoupil, Dobesova, & Pospisil, 2006)。

6.5.2　实验结果

本节总结并扩充了文献(Monwar & Gavrilova, 2013)给出的结果。这样做的目的是证明基于马尔可夫链的排序级融合方法优于其他方法。实验后,对结果进行了分析,标绘出了不同的生物特征识别系统性能曲线的识别值。对于提出的排序级融合,对不同排序值时的辨识率求和,可以得到累积匹配特性(CMC)曲线。由于排序级融合方法只能用于辨识,因此把系统确定的身份是提供查询生物特征样本的用户的真实身份的次数比例作为辨识率。如果生物特征识别系统输出前 x 个候选身份,那么前 x 辨识率就是用户的真实身份包括在前 x 个候选身份中的次数比例。

图 6.9(a) ~ (c) 显示了使用第一个虚拟多模态数据库的三个单模态匹配器的 CMC 示例曲线。在这三个单模态匹配器中,虹膜匹配器性能最佳,前 1 辨识率是 93.21% 。人脸和耳朵匹配器的前 1 辨识率分别是 92.03% 和 87.16% 。

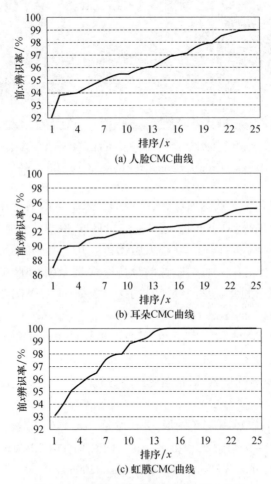

(a) 人脸CMC曲线

(b) 耳朵CMC曲线

(c) 虹膜CMC曲线

图6.9 单模态生物特征识别的 CMC 曲线

图 6.10 显示了应用于第一个虚拟多模态数据库的四种排序级融合方法的 CMC 曲线。在这个实验中,使用了排序级融合的最高序号法、波达计数法、逻辑回归法和马尔可夫链法。其中,马尔可夫链法性能最佳,前 1 辨识率是 97.96% 。在剩下的三种方法中,逻辑回归法性能最佳,前 1 辨识率接近 95.93% 。下面对实验

结果进行了解释说明。因为每个匹配器的性能是不相同的,所以最高序号法和波达计数法没有得到令人满意的分类结果。波达计数排序融合法的前 1 辨识率是94.81%,最高序号融合法的前 1 辨识率是 93.89%。

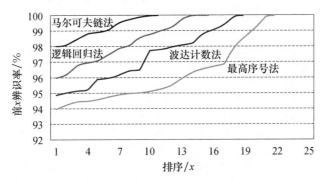

图 6.10　应用于第一个虚拟多模态数据库的四种排序级融合方法的 CMC 曲线

为了正确地评估基于人脸、耳朵和虹膜的多模态生物特征识别系统,以第二个虚拟多模态数据库为实验对象,对系统性能进行了测试。图 6.11 显示了人脸、耳朵和虹膜匹配器的 CMC 曲线。以第二个虚拟多模态数据库为实验对象,在这三个单模态匹配器中,人脸匹配器性能最佳,前 1 辨识率达到91.84%,虹膜和耳朵匹配器的前 1 辨识率分别是 87.13% 和 81.67%。因为这三个单独的数据集在质量方面存在显著差异,所以这些结果不同于从第一个虚拟多模态数据库得到的结果。在第二个虚拟多模态数据库中,人脸图像非常清晰,光照和姿态的变化非常有限。另外,耳朵数据集的质量不好,耳朵图像的类间差异非常有限。因此,耳朵数据集产生较低的前 1 辨识率。同样,虹膜图像的辨识率也较低。这些因素影响了单模态匹配器的结果。

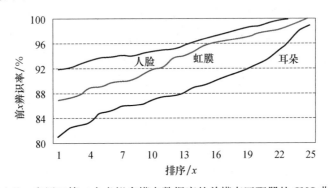

图 6.11　应用于第二个虚拟多模态数据库的单模态匹配器的 CMC 曲线

图 6.12 显示了以第二个虚拟多模态数据库为实验对象,四种排序级融合方法与最佳单模态(人脸)匹配器的 CMC 曲线。与前面的实验相似,使用了排序级融合

的最高序号法、波达计数法、逻辑回归法和马尔可夫链法。在这些方法中，马尔可夫链法优于其他方法，前1辨识率达到96.45%。

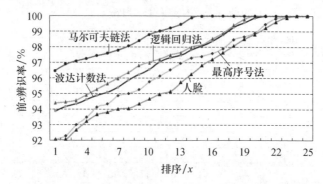

图 6.12   应用于第二个虚拟多模态数据库的四种排序级融合方法和
人脸单模态匹配器的 CMC 曲线

逻辑回归法、波达计数法和最高序号法的前1辨识率分别是94.41%、93.89%和92.03%。因为耳朵图像与虹膜图像在各自数据集中的质量相对较差，所以与以第一个虚拟多模态数据库为实验对象取得的实验结果相比，最高序号法和波达计数法没有取得令人满意的结果。

6.6   本章小结

本章讨论了用于多模态生物特征认证系统的基于马尔可夫链的排序级融合方法，介绍了马尔可夫链的定义及其构建机制，还讨论了对马尔可夫链进行的一些早期研究。对马尔可夫链方法的研究，主要集中在两个特定的应用领域，即网页排序和相似项目排序。本章还介绍了评估马尔可夫链方法的大量实验。从实验可以观察到，马尔可夫链方法非常有前途，在虚拟数据库的生物特征排序融合方面，性能优于其他融合方法。

参 考 文 献

Bolle R M,Connell J H,Pankanti S,Ratha N K,Senior A W. (2004). Guide to biometrics. New York,NY:Springer - Verlag.

Burge M,Burger W. (1996). Ear biometrics. In Jain A K,Bolle R,Pankanti S (Eds.),Biometrics:personal identification in networked society,(pp. 273 - 285). Norwell,MA:Kluwer Academic Publishers.

Condorcet M - J. (1785). Essai sur l' application de l' analyse a la probabilite des decisions rendues a la pluralite des voix. Paris,France:Academic Press.

Copeland A H. (1951). A reasonable social welfare function. Ann Arbor, MI: University of Michigan.

Dobeš M, Martinek J, Skoupil D, Dobešová Z, Pospíšil J. (2006). Human eye localization using the modified Hough transform. Optik (Stuttgart), 117(10), 468 – 473. doi: 10. 1016/j. ijleo. 2005. 11. 008.

Dutkowski J, Gambin A. (2007). On consensus biomarker selection. BioMed Central Bioinformatics, 8 (Suppl 5): S5. doi: 10. 1186/1471 – 2105 – 8 – S5 – S5 PMID: 17570864.

Dwork C, Kumar R, Naor M, Sivakumar D. (2001). Rank aggregation methods for the web. In Proceedings of Tenth International Conference on the World Wide Web (WWW), (pp. 613 – 622). Hong Kong, China: IEEE.

Feng G, Dong K, Hu D, Zhang D. (2004). When faces are combined with palmprint: a novel biometric fusion strategy. In Proceedings of First International Conference on Biometric Authentication, (pp. 701 – 707). Hong Kong, China: IEEE.

Gambin A, Pokarowski P. (2001). A combinatorial aggregation algorithm for stationary distribution of a large Markov chain. Lecture Notes in Computer Science, 2138, 384 – 387. doi: 10. 1007/3 – 540 – 44669 – 9_38.

Gavrilova M L, Monwar M M. (2009). Fusing multiple matcher's outputs for secure human identification. International Journal of Biometrics, 1(3), 329 – 348. doi: 10. 1504/IJBM. 2009. 024277.

Grinstead C M, Snell J L. (1997). Introduction to probability (2nd ed.). Providence, RI: American Mathematical Society.

Iannarelli A. (1989). Ear identification. Fremont, CA: Paramont Publishing Company.

Iris Recognition. (2003). Iris technology division. Cranbury, NJ: LG Electronics USA.

Kemeny J G, Snell J L, Thompson G L. (1974). Introduction to finite mathematics (3rd ed.). Englewood Cliffs, NJ: Prentice – Hall.

Markov A A. (1906). Extension of the limit theorems of probability theory to a sum of variables connected in a chain. In Howard R (Ed.), Dynamic Probabilistic Systems, Volume 1: Markov Chains. Hoboken, NJ: John Wiley and Sons.

Monwar M M, Gavrilova M. (2013). Markov chain model for multimodal biometric rank fusion. Signal, Image and Video Processing, 7(1), 137 – 149. doi: 10. 1007/s11760 – 011 – 0226 – 8.

Perpinan C. (1995). Compression neural networks for feature extraction: application to human recognition from ear images. (M. Sc. Thesis). Technical University of Madrid. Madrid, Spain.

Phillips P J, Moon H, Rauss P. (1998). The FERET database and evaluation procedure for face recognition algorithms. Image and Vision Computing, 16(5), 295 – 306. doi: 10. 1016/S0262 – 8856(97)00070 – X.

Ross A A, Nandakumar K, Jain A K. (2006). Handbook of multibiometrics. New York, NY: Springer.

Sculley D. (2006). Rank aggregation for similar items. Report. New York, NY: Data Mining and Research Group of Yahoo.

Sino Biometrics. (2004). CASIA: casia iris image database. Retrieved from www. sinobiometrics. com

University of Essex. (2008). Face database. Retrieved from http://cswww. essex. ac. uk/mv/allfaces/index. html

USTB. (2012). Ear database, China. Retrieved from http://www. ustb. edu. cn/resb/

Wilson C. (2010). Vein pattern recognition: a privacy – enhancing biometric. Boca Raton, FL: CRC Press. doi: 10. 1201/9781439821381.

Yanushkevich S N, Wang P S P, Gavrilova M L, Srihari S N. (2007). Image pattern recognition: synthesis and analysis in biometrics. New York, NY: World Scientific Publishing Company.

第 7 章

多模态生物特征的模糊融合

模糊逻辑是一种数学工具,能够提供一种从含噪输入信息得出结论的简单方法。它是一种强大的智能工具,在许多认知和决策系统中获得了广泛应用。本章将讨论用于多模态生物特征识别系统的基于模糊逻辑的融合方法。在讨论了模糊逻辑基础之后,在多模态生物特征识别系统的背景下,将阐明模糊融合机制。而且,将简要讨论在各种应用领域中基于模糊逻辑的融合研究。基于模糊融合的生物特征识别系统的最大优势,是能够得到匹配的可能性和可信度,而不是二元的是/否决策。通过控制权重分配和模糊规则,可以很容易地调整基于模糊融合的生物特征识别系统,使之适应不断变化的条件。本章还将给出近期在两个虚拟多模态数据库上所做的调查研究的一些实验结果。最后,本章将把软生物特征信息与模糊融合方法结合起来,提高系统的准确性与鲁棒性,并讨论模糊融合方法在多模态生物特征识别中的作用。

7.1 引言

第 6 章介绍了基于马尔可夫链的排序级融合方法,讨论了马尔可夫链的基本原理,并展示了它在多模态生物特征排序融合背景下的构建机制。与其他排序融合方法相比,这种方法在识别性能方面展示了许多优势。而且,这种方法满足在任何公平的排序信息融合过程中至关重要的孔多塞标准。在本章中,将讨论另一种新颖的基于模糊逻辑的生物特征融合方法,本书后续章节将称其为多生物特征的模糊融合方法。

模糊融合方法是信息融合的分支之一,它是近年来出现的一种信息整合工具。在大多数文献报道中,模糊融合方法被用于如下领域:自动目标识别、生物医学图像融合与分割、涡轮机发电厂融合、天气预报、航拍图像检索与分类、车辆检测与车型识别,以及路径规划。在生物特征认证的背景下,基于模糊逻辑的融合方法已经在基于图像质量的生物特征信息的整合过程中得到了应用。在文献(Monwar, Gavrilova, & Wang, 2011)中,多模态生物特征识别系统使用了模糊融合方法。模糊融合方法的优势在于,它同时使用了单模态生物特征识别的匹配分数和排序信息。而且,与传统系统只返回二元(是/否)决策不同,使用这种方法能够得到多模态系统识别结果的可信度。

7.2　模糊逻辑基础

　　模糊逻辑是指使用模糊集合的理论和技术,而模糊集合是一些具有模糊边界的类(Pedrycz & Gomide,1998)。1965 年,加利福尼亚大学伯克利分校的 Lotfi A. Zadeh 教授引入了模糊集合的思想(Zadeh,1965)。模糊逻辑的核心技术以下面的 4 个基本概念作为基础(Wang,2009):

　　(1) 模糊集合:模糊集合是一种具有光滑边界的集合。模糊集合理论推广了经典的集合理论,允许存在部分隶属关系(Harb & Al - Smadi,2006)。

　　(2) 语意变量:有两种方式表示语意变量的值,一是使用语意词定性表示,二是通过相应的隶属度函数定量表示(这表现了模糊集合的意义)(Harb & Al - Smadi,2006)。

　　(3) 可能性分布:把模糊集合分配给语意变量,可以约束变量的值,这形成了可能与不可能之间的称为可能性的差异程度的概念(Pedrycz & Gomide,1998)。

　　(4) 模糊规则:模糊规则(或称为模糊如果 - 那么规则)是使用模糊集合开发的应用最广泛的技术,已经应用于许多学科。模糊规则的应用包括控制(机器人学、自动化、跟踪、消费类电子产品)、信息系统(数据库管理系统、信息检索)、模式识别(图像处理、机器视觉)、决策支持(自适应人机界面、传感器融合)和认知信息学(Pedrycz & Gomide,1998)。

　　开发基于模糊规则的推理,包括 3 个步骤:模糊化、推理和去模糊化,如图 7.1 所示(Zadeh,1965)。在模糊化步骤中,定义了模糊变量及其隶属度函数,即计算输入数据与模糊规则条件的匹配程度。在推理步骤中,建立模糊规则,并以匹配程度为基础,计算那些规则的结果。在去模糊化步骤中,把模糊结论转化成离散值(Zadeh,1965)。

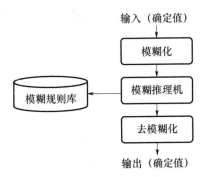

图 7.1　基于模糊规则的推理系统(Zadeh,1965)

7.3 基于模糊逻辑的融合研究

模糊逻辑的确是认知科学与决策制定之间的一个令人着迷的边缘领域。把模糊逻辑原理用于信息融合,通过是与否或真与假范围内的值,可以模仿抽象推理和复杂的人类智力过程。使用机器语言表述,它是 0 与 1 之间的差值;使用生物特征术语表述,它是接受与拒绝之间的身份,或者是允许或拒绝访问一个保密的场所或设施。

在这个领域中,对决策制定有意义的最初的一项工作是 1999 年 Solaiman 等的工作(Solaiman,Pierce,& Ulaby,1999)。在地理空间和遥感领域,他们提出了一种用于土地覆盖分类的基于模糊的多传感器数据融合分类器。这种分类器提供了一种用于整合多传感器和情景信息的工具。他们引入了模糊隶属度分布图(FMM),以从传感器获得的先验知识为基础,表示不同主题的类。然后,使用空间情景信息,迭代更新模糊隶属度分布图。模糊逻辑可以让他们提出的分类器整合多传感器数据和先验信息。

2001 年,在另一项研究中,Kim 等使用模糊逻辑开发了一种用于车辆分类的新方法(Kim,Kim,Lee,& Cho,2001)。在这个算法中,车辆的重量和速度用作模糊逻辑模块的输入。模糊逻辑模块的输出是一个使用传感器的原始输出来修改计算得到的车辆长度的权重因子。修改后的长度是车辆分类模块的输入,这个模块能够产生最终的分类结果。实验结果表明,这种使用模糊逻辑的分类算法可以显著降低车辆分类错误。

模糊融合方法的一项重要贡献是 2007 年 Wang 等的研究工作(Wang,Dang,Li,& Li,2007),他们把模糊融合用于多模态医学图像融合。为了克服大多数医学图像模糊不清的问题,他们提出了一种使用模糊径向基函数神经网络(F-RBFNN)的医学图像融合的新方法。其中,模糊径向基函数神经网络在功能上等同于 T-S 模糊模型。使用遗传算法训练网络,使之对搜索空间进行全局搜索,并使用了几个启发式算法,避免网络陷入局部最优解。对 20 组头部的计算机断层扫描(CT)与磁共振成像(MRI)图像进行了实验,特别是对模糊图像进行了实验,实验结果表明,所提出的方法在视觉效果和客观评价标准方面都优于基于梯度金字塔的图像融合方法。

Wang 的后续工作,为正式的知识系统理论及其认知信息学基础提供了基本理论支持(Wang,2009)。除了用于认知系统开发的强大的理论基础外,它还提供了知识表达工具。这种知识表达工具不但能够用多种方式表示概念,而且可以通过基于概念代数原理的机器学习来可视化动态概念网络。

2010 年,Deng 等以模糊集合理论和 D-S 证据理论(Shafer,1976)为基础,提出了一种用于自动目标识别的数据融合方法,能够以灵活的方式处理不确定数据(Deng,Su,Wang,& Li,2010)。他们把模型数据库中目标的个体属性和传感器的观测量都表示成模糊隶属度函数,并且构造了一个似然函数,用于表示从传感器采集的模糊数据。然后,以 Dempster 组合规则为基础,使用不同来源的传感器数据(Chang,Bowyer,& Barnabas,2003)。

最近,在生物医学成像研究领域的另一项有关模糊融合的应用研究中,Chaabane 和 Abdelouahab 在模糊信息融合框架下,提出了一种人脑组织自动分割方法(Chaabane & Abdelouahab,2011)。在该方法中,使用了突出组织横向(T2)弛豫差别图像和质子密度(PD)加权图像,并使用模糊 C 均值算法从这两幅图像中提取模糊组织图像。通过实验,证实了系统的有效性。实验结果表明,数据融合适用于医学成像领域。

通过上面的例子,可以发现使用智能决策方法的强大趋势,例如在数据类型与约束的高复杂性和可变性领域中的认知智能与模糊逻辑。在这样一个高维问题空间中,定义了大量的属性,决策对参数高度敏感。使用前文描述的智能决策方法,涉及地理空间、医学、石油和天然气、生物特征数据的领域将受益匪浅,这在过去的十年里已经成为一种趋势。

7.4　生物特征信息的模糊融合

现在,论述如何在生物特征安全领域中使用模糊逻辑,包括这种融合的理论和应用方面。

图 7.2 为一幅模糊融合模块的数据流程图的示例,它是基于模糊规则的推理系统。与基于马尔可夫链的排序融合方法的评估实验(Monwar & Gavrilova,2013)相似,这种模糊融合方法也使用人脸、耳朵和虹膜生物特征信息。首先,3 个匹配器把 3 个生物特征输入数据与存储的模板进行比较,根据相似性或距离的分数产生排序。基于马尔可夫链的排序融合方法只使用多模态生物特征识别系统的排序信息,但是基于模糊融合的生物特征排序融合则使用排序信息和匹配分数进行生物特征信息整合。

这个模糊融合模块的初始输入是一名用户的个体相似性分数和平均相似性分数,模块的输出是多模态生物特征识别系统的辨识决策。

模糊推理机制是模糊融合模块的中枢。正如前文所讨论的,模糊推理的第一步是模糊化,即把输入建模为模糊变量。

接下来,以模糊变量与模糊规则的匹配程度为基础,定义模糊规则推理。

最后,去模糊化模块会给出一个"是"或"否"、"接受"或"拒绝"、"合法用户"或"假冒者"类型的离散决策。因为模糊决策模块的结果可以在 0 ~ 1 的范围内取值,所以决策能够转化为用户是一个合法用户或假冒者的可信度或概率。

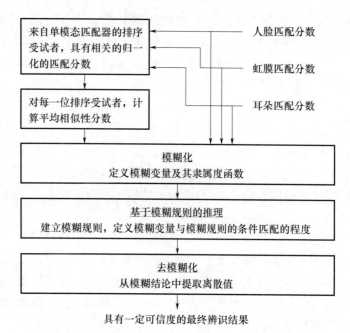

图7.2　多模态生物特征识别系统的模糊融合模块流程图

对于模糊融合技术的应用来说,分数归一化是必要的。使用最小 - 最大值归一化技术进行分数归一化,以确保所有的匹配分数值都在0 ~ 1的范围内。

对于一个多模态系统,假设s_j^i表示第j个匹配器的第i个匹配分数输出,$i = 1$,$2, \cdots, N$,其中N是在系统中注册的受试者的数量,$j = 1,2,3$。最小 - 最大值归一化可以保持分数的原始分布,并把所有的分数转换到归一化范围$[0,1]$内。对于测试分数s_j^t来说,定义它的最小 - 最大值归一化后的分数是ns_j^t,其表达式为(Ross, Nandakumar, & Jain, 2006)

$$ns_j^t = \frac{s_j^t - \min\limits_{i=1}^{n} s_j^i}{\max\limits_{i=1}^{n} s_j^i - \min\limits_{i=1}^{n} s_j^i} \qquad (7.1)$$

假设数据库中有N个注册的受试者,其中有K名受试者出现在3个匹配器的排序列表中,即$K \leqslant N$并且$n \leqslant K \leqslant 3n$作为每一个匹配器产生的前$n$个排序受试者。令生物特征和匹配器的数量是$M$,即$M = 3$。令$s_{k,m}$是受试者$k$通过匹配器$m$产生的匹配分数,归一化后$s_{k,m} \geqslant 0$且$s_{k,m} \leqslant 1$。因此,由下面的等式,可以得到一个特定的受试者$s_k$的平均相似性分数,即

$$s_k = \frac{1}{M} \sum_{m=1}^{M} s_{k,m} \qquad (7.2)$$

每一个匹配器只产生前n个排序匹配,但是可以得到超过n名受试者的平均匹配分数,这是因为一些标识可能没有被包括在所有的排序列表中(最大值是$3n$,

也就是说,在不使用标识的前提下,当这 3 个匹配器都以匹配分数为基础,输出排序列表时)。在这个案例中,使用融合模块收集来自匹配模块的缺少的匹配分数。为了达到这个目的,融合模块首先比较这 3 个排序列表中出现的身份,并对来自匹配模块的必要的匹配分数进行比较。然后,把得到的平均相似性分数和 3 个分类器的 3 个匹配分数,作为所提出的模糊推理系统的输入。

得到这些模糊变量之后,定义模糊隶属度函数,它表示输入数据与模糊规则条件的匹配程度。假设使用的多模态数据库是一个以从 3 个不同来源采集的 3 个不同的数据集为基础的虚拟多模态数据库,那么相似性分数 0.95(最高分数为 1)则被认为是非常好的匹配分数。因此,模糊语意变量高(H)、中(M)和低(L)可以定义如下(Monwar,Gavrilova,& Wang,2011)

$$
\begin{cases}
H, & \text{当 } s \geqslant 0.95 \text{ 时} \\
M, & \text{当 } 0.80 \leqslant s \leqslant 0.94 \text{ 时} \\
L, & \text{当 } s \leqslant 0.79 \text{ 时}
\end{cases}
\tag{7.3}
$$

一旦模糊变量适当地映射到隶属度函数,则接下来的任务就是建立模糊规则。本节后续部分将在个体生物特征匹配性能和生物特征鲁棒性的基础上,详细描述这些模糊规则。为了获得来自系统的最终识别结果的可信度,这个步骤是必要的,它也是使用这种融合方法的动机之一。为模糊推理系统建立了 51 条规则,如图 7.3 所示(Monwar,Gavrilova,& Wang,2011)。在图 7.3 中,AS 表示平均匹配分数,FS 表示人脸匹配器的分数,IS 表示虹膜匹配器的分数,ES 表示耳朵匹配器的分数,SI 表示强识别,WI 表示弱识别,NI 表示不能识别。

对于这些规则来说,需要考虑平均匹配分数和单个匹配器的性能。使用个体匹配分数的原因是这个系统使用了虚拟生物特征数据库。这些生物特征是从不同的来源获得的,因此质量不同。另外,这个系统使用了不同的匹配算法:对人脸和耳朵生物特征使用了费歇尔图像技术,对虹膜生物特征使用了霍夫变换、Gabor 小波和汉明距离。因此,从 3 个不同的匹配器可以得到不同的结果,并且可以对匹配结果设置不同的可信度。在模糊推理系统的 4 个输入(平均匹配分数和 3 个单独的匹配分数)中,指定平均匹配分数在模糊规则中具有最高的可信度。

基于先前评估的生物特征识别性能(Monwar,Gavrilova,& Wang,2011;Monwar & Gavrilova,2013,2009),在 3 个单独的匹配分数中,给虹膜匹配器得到的分数设置最高的可信度,给耳朵匹配器得到的分数设置最低的可信度。

对这 4 个参数,即平均匹配分数和 3 个单模态匹配器的分数,有 81 种选择。在这 81 种选择中,只有 51 种是合理的。例如,根据模糊语意变量的定义,下面的选择就是不合理的:

如果 AS = 'L',FS = 'M',IS = 'H' 并且 ES = 'M'

如果 AS = 'M',FS = 'H',IS = 'H' 并且 ES = 'H'

1. 如果 AS = 'H',FS = 'H',IS = 'H' 并且 ES = 'H',那么'SI'	26. 如果 AS = 'M',FS = 'L',IS = 'H' 并且 ES = 'M',那么'WI'
2. 如果 AS = 'H',FS = 'H',IS = 'H' 并且 ES = 'M',那么'SI'	27. 如果 AS = 'M',FS = 'L',IS = 'H' 并且 ES = 'L',那么'WI'
3. 如果 AS = 'H',FS = 'H',IS = 'M' 并且 ES = 'H',那么'SI'	28. 如果 AS = 'M',FS = 'L',IS = 'M' 并且 ES = 'H',那么'WI'
4. 如果 AS = 'H',FS = 'H',IS = 'M' 并且 ES = 'M',那么'SI'	29. 如果 AS = 'M',FS = 'L',IS = 'M' 并且 ES = 'M',那么'WI'
5. 如果 AS = 'H',FS = 'M',IS = 'H' 并且 ES = 'H',那么'SI'	30. 如果 AS = 'M',FS = 'L',IS = 'M' 并且 ES = 'L',那么'WI'
6. 如果 AS = 'H',FS = 'M',IS = 'H' 并且 ES = 'M',那么'SI'	31. 如果 AS = 'M',FS = 'L',IS = 'L' 并且 ES = 'H',那么'NI'
7. 如果 AS = 'H',FS = 'M',IS = 'M' 并且 ES = 'H',那么'WI'	32. 如果 AS = 'M',FS = 'L',IS = 'L' 并且 ES = 'M',那么'NI'
8. 如果 AS = 'M',FS = 'H',IS = 'H' 并且 ES = 'M',那么'WI'	33. 如果 AS = 'L',FS = 'H',IS = 'H' 并且 ES = 'L',那么'WI'
9. 如果 AS = 'M',FS = 'H',IS = 'H' 并且 ES = 'L',那么'WI'	34. 如果 AS = 'L',FS = 'H',IS = 'M' 并且 ES = 'L',那么'NI'
10. 如果 AS = 'M',FS = 'H',IS = 'M' 并且 ES = 'H',那么'WI'	35. 如果 AS = 'L',FS = 'H',IS = 'L' 并且 ES = 'H',那么'NI'
11. 如果 AS = 'M',FS = 'H',IS = 'M' 并且 ES = 'M',那么'WI'	36. 如果 AS = 'L',FS = 'H',IS = 'L' 并且 ES = 'M',那么'NI'
12. 如果 AS = 'M',FS = 'H',IS = 'M' 并且 ES = 'L',那么'WI'	37. 如果 AS = 'L',FS = 'H',IS = 'L' 并且 ES = 'L',那么'NI'
13. 如果 AS = 'M',FS = 'H',IS = 'L' 并且 ES = 'H',那么'WI'	38. 如果 AS = 'L',FS = 'M',IS = 'H' 并且 ES = 'L',那么'WI'
14. 如果 AS = 'M',FS = 'H',IS = 'L' 并且 ES = 'M',那么'WI'	39. 如果 AS = 'L',FS = 'M',IS = 'M' 并且 ES = 'L',那么'NI'
15. 如果 AS = 'M',FS = 'H',IS = 'L' 并且 ES = 'L',那么'WI'	40. 如果 AS = 'L',FS = 'M',IS = 'L' 并且 ES = 'H',那么'NI'
16. 如果 AS = 'M',FS = 'M',IS = 'H' 并且 ES = 'H',那么'WI'	41. 如果 AS = 'L',FS = 'M',IS = 'L' 并且 ES = 'M',那么'NI'
17. 如果 AS = 'M',FS = 'M',IS = 'H' 并且 ES = 'M',那么'WI'	42. 如果 AS = 'L',FS = 'M',IS = 'L' 并且 ES = 'L',那么'NI'
18. 如果 AS = 'M',FS = 'M',IS = 'H' 并且 ES = 'L',那么'WI'	43. 如果 AS = 'L',FS = 'L',IS = 'H' 并且 ES = 'H',那么'WI'
19. 如果 AS = 'M',FS = 'M',IS = 'M' 并且 ES = 'H',那么'WI'	44. 如果 AS = 'L',FS = 'L',IS = 'H' 并且 ES = 'M',那么'NI'
20. 如果 AS = 'M',FS = 'M',IS = 'M' 并且 ES = 'M',那么'WI'	45. 如果 AS = 'L',FS = 'L',IS = 'H' 并且 ES = 'L',那么'NI'
21. 如果 AS = 'M',FS = 'M',IS = 'M' 并且 ES = 'L',那么'WI'	46. 如果 AS = 'L',FS = 'L',IS = 'M' 并且 ES = 'H',那么'NI'
22. 如果 AS = 'M',FS = 'M',IS = 'L' 并且 ES = 'H',那么'WI'	47. 如果 AS = 'L',FS = 'L',IS = 'M' 并且 ES = 'M',那么'NI'
23. 如果 AS = 'M',FS = 'M',IS = 'L' 并且 ES = 'M',那么'NI'	48. 如果 AS = 'L',FS = 'L',IS = 'M' 并且 ES = 'L',那么'NI'
24. 如果 AS = 'M',FS = 'M',IS = 'L' 并且 ES = 'L',那么'NI'	49. 如果 AS = 'L',FS = 'L',IS = 'L' 并且 ES = 'H',那么'NI'
25. 如果 AS = 'M',FS = 'L',IS = 'H' 并且 ES = 'H',那么'WI'	50. 如果 AS = 'L',FS = 'L',IS = 'L' 并且 ES = 'M',那么'NI'
	51. 如果 AS = 'L',FS = 'L',IS = 'L' 并且 ES = 'L',那么'NI'

图 7.3　模糊融合方法的模糊规则(Monwar,Gavrilova,& Wang,2011)

（AS 表示平均匹配分数；FS 表示人脸匹配器的分数；IS 表示虹膜匹配器的分数；ES 表示耳朵匹配器的分数）

在这个模糊推理系统的末级，通过组合所有的模糊规则产生的结果，可以得到适用于最终分类的单一的标量输出。图 7.4 显示了这种模糊融合方法的步骤。

步骤 1：对所有的匹配分数进行归一化，使其值在 0 ~ 1 之间。
步骤 2：计算平均匹配分数。
步骤 3：定义模糊变量及其隶属度函数。
步骤 4：建立可以描述变量之间关系的模糊规则。
步骤 5：建立一个去模糊化过程，得到最终结果，作为具有一定可信度的辨识决策。

图 7.4 模糊融合方法的步骤

另外，还测试了使用软生物特征信息的模糊融合的系统性能。第 2 章简要介绍了软生物特征，这种特征包括身高、体重、种族、性别、头发和眼睛颜色等个人资料。软生物特征的概念最近才进入生物特征研究领域，迄今为止，只有少数系统尝试把这种生物特征纳入其中，或者评估使用这种信息的好处。

就融合软生物特征而言，模糊推理机是一个两输入单输出系统，这与第一种情况不同。在第一种情况下，模糊推理机是一个四输入单输出系统。通过一个不同的公式，可以得到平均相似性分数，即

$$s_k = \frac{1}{M} \sum_{m=1}^{M} w_m s_{k,m} \tag{7.4}$$

式中：w_m 为第 m 个匹配器的权重，且 $\sum_{m=1}^{3} w_m = 1.0$。

基于同样的考虑，使用不同匹配分数的权重，也就是说，基于单独的生物特征匹配器性能的期望与评估。3 个匹配分数的权重分配为

$$\begin{cases} w_m = 0.45, & \text{用于虹膜匹配分数} \\ w_m = 0.30, & \text{用于人脸匹配分数} \\ w_m = 0.25, & \text{用于耳朵匹配分数} \end{cases} \tag{7.5}$$

模糊推理系统的第 2 个输入是软生物特征的平均分数。对软生物特征使用同样的过程，作为主要的软生物特征的平均分数。

系统使用了 3 种软生物特征——性别、种族和眼睛颜色。假设这个系统使用的软生物特征的数量是 S，$\text{soft}_{k,i}$ 是第 k 名受试者的第 i 个软生物特征的值，$i > 0$ 且 $i \leqslant S$。对于软生物特征，可以仅使用布尔值，即 $\text{soft}_{k,i} = 0$ 或 $\text{soft}_{k,i} = 1$。式（7.6）是这种软生物特征的一种合理的权重分配，即

$$\begin{cases} w_i = 0.50, & \text{用于性别} \\ w_i = 0.30, & \text{用于种族} \\ w_i = 0.20, & \text{用于眼睛颜色} \end{cases} \tag{7.6}$$

由下式,可以得到一个特定受试者的软生物特征平均分数 $soft_k$,即

$$soft_k = \sum_{i=1}^{s} w_i soft_{k,i} \qquad (7.7)$$

式中: w_i 为第 i 个软生物特征的权重,且 $\sum_{m=1}^{3} w_i = 1.0$ 。

一旦得到平均加权匹配分数和平均加权软生物特征分数,就可以用作模糊推理机的输入。在这种情况下,适当的做法是给软生物特征分数分配较少的可信度,这是因为软生物特征信息不完全可靠,假冒者能够轻易地改变它们。对于两输入单输出的模糊推理系统来说,考虑了图 7.5 所示的规则。在图 7.5 中,AS 表示平均分数,SS 表示软生物特征的分数,SI 表示强识别,WI 表示弱识别,NI 表示不能识别。实验结果表明,把软生物特征信息纳入系统,并没有显著提高识别性能。另外,使用软生物特征信息时,会产生隐私问题。由于这个原因,因此在多模态生物特征安全系统里使用软生物特征,不是实际应用中的高安全性系统的第一选择。

```
1. 如果 AS = 'H' 并且 SS = 'H',那么 'SI'
2. 如果 AS = 'H' 并且 SS = 'M',那么 'SI'
3. 如果 AS = 'H' 并且 SS = 'L',那么 'WI'
4. 如果 AS = 'M' 并且 SS = 'H',那么 'WI'
5. 如果 AS = 'M' 并且 SS = 'M',那么 'WI'
6. 如果 AS = 'M' 并且 SS = 'L',那么 'WI'
7. 如果 AS = 'L' 并且 SS = 'H',那么 'WI'
8. 如果 AS = 'L' 并且 SS = 'M',那么 'NI'
9. 如果 AS = 'L' 并且 SS = 'L',那么 'NI'
```

图7.5 使用软生物特征信息的模糊融合方法的模糊规则

7.5 生物特征信息模糊融合的实验结果

在这个实验中,使用了与基于马尔可夫链的排序融合实验所用数据集相同的两个数据集。对模糊融合方法与单模态匹配器、排序融合法、匹配分数法和决策融合法进行了比较,如图 7.6 ~ 图 7.11 所示。

在第一个虚拟多模态数据库上,分别使用单模态匹配器和模糊融合方法进行实验,得到如图 7.6 所示的 ROC 曲线。

对于模糊融合方法来说,当错误接受率(FAR)为 0.1% 时,正确接受率(GAR)是 95.82% ,它等于 1 与错误拒绝率(FRR)的差。对于单模态匹配器来说,对于同样的错误接受率,即 0.1% ,人脸、耳朵和虹膜匹配器的正确接受率分别是84.03% 、80.56% 和 91.56% 。

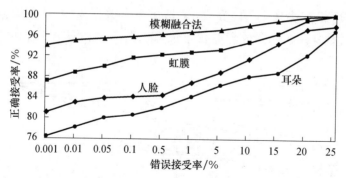

图 7.6　单模态生物特征识别与模糊融合的 ROC 曲线

　　对于第一个虚拟多模态数据库,模糊融合方法在性能上优于最高序号法、波达计数法和逻辑回归法,如图 7.7 所示。当错误接受率为 0.1% 时,最高序号法的正确接受率是 92.31%,波达计数法的正确接受率是 92.79%,逻辑回归法的正确接受率是 94.71%。在所有这些融合方法中,对于同样的错误接受率,基于马尔可夫链的融合方法给出了最好的正确接受率 96.75%。尽管这种新的模糊融合方法的识别性能不如基于马尔可夫链的排序融合法那么好,但是这种方法给出了识别结果的可信度,这在一些应用领域中是非常重要的。而且,对于一些应用领域,例如访问一个非常保密的区域,可以扩展这种融合方法的模糊规则,对"完全不能识别"的受试者做出决策。

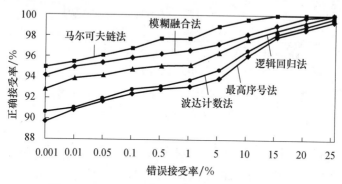

图 7.7　模糊融合与各种排序融合法的 ROC 曲线

　　为了有效地评估所提出的系统,并与其他众所周知的融合方法做比较,因此对匹配分数级融合和决策级融合方法进行了实验。对于匹配分数级融合方法,使用了带有"最小 - 最大值"归一化技术的"求和规则"和"乘积规则",它们是匹配分数级融合方法中性能优异的两种方法(Ross,Nandakumar,& Jain,2006)。对于决策级融合方法,使用了"与规则"(Daugman,2000)、"或规则"(Daugman,2000)、"多数投票"(Lam & Suen,1997)和"加权多数投票"(Kuncheva,2004)方法。对于

"加权多数投票"方法来说,在第一个虚拟多模态数据库中,给虹膜匹配器分配的权重最高,给耳朵匹配器分配的权重最低。图 7.8 和图 7.9 显示了这些实验的结果。

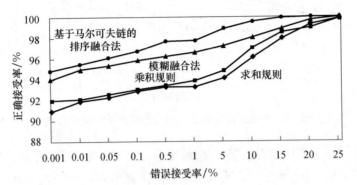

图 7.8 基于马尔可夫链的排序融合法、模糊融合法和
匹配分数融合法的比较

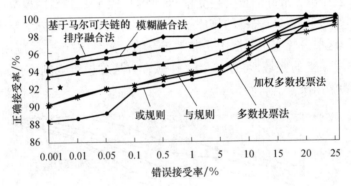

图 7.9 基于马尔可夫链的排序融合法、模糊融合法和
决策融合法的比较

由图 7.8 和图 7.9 可以明显看出,对于第一个虚拟多模态数据库,基于马尔可夫链的排序级融合法在性能上优于匹配分数级融合法和决策级融合法。在匹配分数级融合方法中,基于"乘积规则"的方法比基于"求和规则"的方法性能更佳。在决策级融合方法中,"加权多数投票"方法性能最佳,而基于"或规则"的方法性能最差。另外,在这两个实验中,模糊融合方法的性能优于匹配分数融合方法和决策融合方法。

为了评估模糊融合方法的性能,把软生物特征用作附加信息。在这个模糊融合方法中,考虑了三种软生物特征:性别、种族和眼睛颜色。图 7.10 和图 7.11 显示了在前面介绍的两个数据库上进行实验得到的性能曲线。

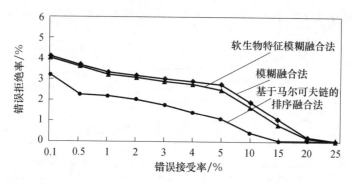

图 7.10　使用第一个虚拟多模态数据库测试纳入软生物特征信息的
模糊融合方法的性能

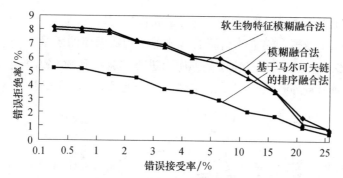

图 7.11　使用第二个虚拟多模态数据库测试纳入软生物特征信息的
模糊融合方法的性能

　　由图 7.10 可以明显看出,把软生物特征信息纳入模糊融合方法中,对最后的
认证结果没有太多影响。有时,纳入软生物特征信息能够使系统运行得更快,尤其
是在最初使用软生物特征信息分割数据库(分割运行空间,即系统只在存在这些软
生物特征的数据上运行)的时候。但是在这个实验中,情况并非如此,这是因为在
匹配后阶段才使用了这些软生物特征标识。使用第二个数据库,可以得到类似的
性能曲线,如图 7.11 所示。

　　在这两个虚拟多模态数据库上还进行了其他几项实验,例如比较了多种方法
的相等错误率(EER),它是错误接受率(FAR)与错误拒绝率(FRR)相等时 ROC 曲
线上的点。而且,FAR = 1 − GRR。图 7.12 显示了在第一个虚拟多模态数据库上
进行实验得到的多种方法的 EER 比较结果。在图 7.12 中,用虹膜匹配器的 ROC
曲线表示单模态匹配器,用马尔可夫链方法的 ROC 曲线表示排序融合方法,用乘
积规则的 ROC 曲线表示匹配分数级融合方法,用加权多数投票方法的 ROC 曲线
表示决策融合方法,这是因为这些方法在它们各自的类别中是性能最佳的方法。
由图 7.12 可以看出,马尔可夫链方法的 EER 是 2.03%,模糊融合方法的 EER 是

3.08%,匹配分数级融合方法和决策融合方法的 EER 分别是5.15%和4.73%。

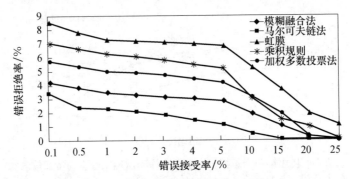

图 7.12 使用第一个虚拟多模态数据库比较各种融合方法的 EER

在第二个虚拟多模态数据库上进行了同样的实验,实验结果如图7.13所示。因为构成第二个虚拟多模态数据库的这些单个的数据库的质量不是很好,所以得到的 EER 比在第一个虚拟多模态数据库上进行实验得到的 EER 低。在这次实验中,马尔可夫链排序融合法在性能上再次优于其他方法,它的 EER 是3.64%。

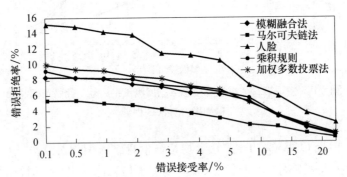

图 7.13 使用第二个虚拟多模态数据库比较各种融合方法的 EER

从这些实验可以明显看出,单个匹配器的性能会影响排序融合或模糊融合的性能。因为数据库的质量是单个匹配器的性能因素之一(其他因素是匹配算法和处理能力等),所以使用高质量的数据库能够提高基于马尔可夫链的排序融合和模糊融合的性能。

7.6 本章小结

本章描述了用于多模态生物特征识别系统的基于模糊逻辑的融合方法。它是一种用于许多认知和决策系统的有效的智能工具。讨论了模糊逻辑基础之后,在多模态生物特征识别系统的背景下,举例说明了模糊融合机制。本章还简要讨论了在不同的应用领域中对基于模糊逻辑的融合方法所做的研究,概述了基于模糊融合的生物特征识别系统,并且介绍了支配系统的模糊规则的选择。基于模糊融合的生物特征识别系统的最大优势,是能够得到匹配的可能性和可信度,而不是二元的是/否决策。而且,通过控制权重分配和模糊规则,能够很容易地调整系统,适应不断变化的环境。在介绍了一些值得注意的实验结果之后,还对软生物特征信息与模糊融合方法的结合使用进行了实验,并讨论了这种结合对提高系统的准确性与鲁棒性的影响。

参 考 文 献

Chaabane L,Abdelouahab M. (2011). Improvement of brain tissue segmentation using information fusion approach. International Journal of Advanced Computer Science and Applications,2(6),84 – 90.

Chang K,Bowyer K,Barnabas V. (2003). Comparison and combination of ear and face images in appearance – based biometrics. IEEE Transactions on Pattern Analysis and Machine Intelligence,25,1160 – 1165. doi:10. 1109/ TPAMI. 2003. 1227990.

Daugman J. (2000). Combining multiple biometrics. Retrieved from http://www. cl. cam. ac. uk/users/jgd1000/com- bine/combine. html

Deng Y,Su X,Wang D,Li Q. (2010). Target recognition based on fuzzy Dempster data fusion method. Defence Science Journal,60(5),525 – 530.

Harb A M,Al – Smadi I. (2006). Chaos control using fuzzy controllers (Mamdani model),integration of fuzzy logic and chaos theory. Studies in Fuzziness and Soft Computing,187,127 – 155. doi:10. 1007/3 – 540 – 32502 – 6_6.

Kim S – W,Kim K,Lee J – H,Cho D – I. (2001). Application of fuzzy logic to vehicle classification algorithm in loop/ piezo – sensor fusion systems. Asian Journal of Control,3(1),64 – 68. doi:10. 1111/j. 1934 – 6093. 2001. tb00044. x.

Kuncheva L I. (2004). Combining pattern classifiers:methods and algorithms. New York,NY:Wiley. doi: 10. 1002/0471660264.

Lam L,Suen C Y. (1997). Application of majority voting to pattern recognition:an analysis of its behavior and performance. IEEE Transactions on Systems,Man,and Cybernetics – Part A:Systems and Humans,27(5),553 – 568. doi:10. 1109/3468. 618255.

Monwar M M,Gavrilova M,Wang Y. (2011). A novel fuzzy multimodal information fusion technology for human bio- metric traits identification. In Proceedings of ICCI ∗ CC. Banff,Canada:IEEE.

Monwar M M,Gavrilova M L. (2009). Multimodal biometric system using rank – level fusion approach. IEEE Transac- tions on Systems,Man,and Cybernetics – Part B:Cybernetics,39 (4),867 – 878. doi:10. 1109/ TSMCB. 2008. 2009071 PMID:19336340.

Monwar M M,Gavrilova M. (2013). Markov chain model for multimodal biometric rank fusion. Signal,Image and Video Processing,7(1),137 – 149. doi:10. 1007/s11760 – 011 – 0226 – 8.

Pedrycz W,Gomide F A C. (1998). An introduction to fuzzy sets:analysis and design complex adaptive systems. Cambridge,MA:MIT Press.

Ross A A,Nandakumar K,Jain A K. (2006). Handbook of multibiometrics. New York,NY:Springer.

Shafer G. (1976). A mathematical theory of evidence. Princeton, NJ: Princeton University Press.

Solaiman B, Pierce L E, Ulaby F T. (1999). Multisensor data fusion using fuzzy concepts: application to land – cover classification using ERS – 1/JERS – 1 SAR composites. IEEE Transactions on Geoscience and Remote Sensing, 37, 1316 – 1326. doi: 10. 1109/36. 763295.

Wang Y. (2009). Fuzzy inferences methodologies for cognitive informatics and computational intelligence. In Proceedings of 8th IEEE International Conference on Cognitive Informatics, (pp. 241 – 248). Hong Kong, China: IEEE.

Wang Y. (2009). Toward a formal knowledge system theory and its cognitive informatics foundations. Transactions on Computational Science, 5, 1 – 19.

Wang Y – P, Dang J – W, Li Q, Li S. (2007). Multimodal medical image fusion using fuzzy radial basis function neural networks. In Proceedings of International Conference on Wavelet Analysis and Pattern Recognition, (pp. 778 – 782). Beijing, China: IEEE.

Zadeh L A. (1965). Fuzzy sets. Information and Control, 8, 338 – 353. doi: 10. 1016/S0019 – 9958(65)90241 – X.

第 3 部分
安全系统应用

第 8 章
机器人与多模态生物特征识别

本章将介绍安全研究的一个新分支,它改变并扩大了生物特征识别领域,除了生物实体外,还包括正迅速成为社会一部分的虚拟现实实体,例如化身。美国路易斯维尔大学网络安全实验室和加拿大卡尔加里大学生物特征识别技术实验室的人工实体特征识别研究,以法医学、机器人学、虚拟现实、计算机图形学、生物特征识别和安全等不同的学科领域为基础,并扩大了它们的应用范围。分析化身的视觉属性和行为特征,能够确保验证和识别化身。本章将介绍用于人工实体识别的多模态系统,同时概述实体的多个独立的生理和行为特征,创建能够认证生物实体(人类)和非生物实体(化身)的新一代多模态系统。在本章的结尾,将专注于一些未来的研究方向,讨论不基于图像的机器人生物特征识别和基于文本的能够模仿人类智能的智能软件代理通信。反过来,随着人工智能和虚拟现实领域的发展,它们将产生跨越人类和人工实体世界的身份管理的新一代安全解决方案。

8.1 引言

在漫长的历史长河中,最有才智的人,如科学家、慈善家、教育家、政治家、领袖和哲学家,都热衷于研究人类大脑的工作方式。从 Michelangelo 到 Lomonosov,从 Da Vinci 到 Einstein,做过无数次的尝试,试图揭开人类大脑的神秘面纱,先是通过简单的机械装置复现人类大脑的运转,后来,在 20 世纪是借助计算机、软件和机器人。

在 Alan Turing 于 1950 年发表的论文《计算机器与智能》(*Computing Machinery and Intelligence*)中,他提出了一个问题:"机器能够思考吗?"为了建立回答这个问题的可靠标准,他提出了一种现在众所周知的"图灵测试"方法,即通过评估机器的能力来展示其智力。测试的核心是人类法官与对手之间进行自然语言交谈,对手可以是人类,也可以是机器。如果法官不能可靠地判断对手是人类还是机器,那么就可以说机器通过了图灵测试。根据最近的发展,它可以被看作是最终的多模态行为生物特征识别,即可以检测人类与机器之间的差异。

在 Alan Turing 的工作之后,John von Neumann 于 20 世纪 50 年代提出了现代人工智能的另一个理论基础,即自动机和自我复制机理论。他的理论是以 Alan Turing 的理论为基础的。这个领域的大多数研究,集中在自我复制程序与系统。

因此,计算机病毒和垃圾邮件应用程序的发展一直很成功。存在的明显的挑战在于使机器人自我复制。

生物界的自我复制是很容易理解的。在分子水平上的自我复制过程,是今天地球上所有生物体存在的原因。非生物实体的自我复制,是不太容易理解的过程。康奈尔大学的研究者们已经创建了一种能够自我复制的机器,因此他们备受关注。他们的机器人是由一系列称为"模块立方"的模块化立方体组成的,这些立方体每一个都彼此相同,并且每一个都配有用于复制的计算机程序。完整的机器人是由许多立方体构建的,它们之间使用电磁铁进行连接。

然而,更大的问题是,尽管人们日益担忧自我复制机器的无法控制的发展和具有人工智能的机器对人类社会可能造成的危害,但是很少提出对这种自我复制的机器人和软件(例如病毒)进行认证和标记。现在,已经有很多这样的例子。家用机器人和工业机器人、智能软件代理、虚拟世界化身和其他人工实体,正迅速成为人们日常生活的一部分。正如必须准确地认证人们的身份那样,必须能够确定非生物实体的身份(Gavrilova & Yampolskiy,2010)。军用士兵机器人(Khurshid & Bing‐Rong,2004)、博物馆导游机器人(Charles,Rosenberg,& Thrun,1999)、软件办公室助理(Chen & Barthes,2008)、类人双足机器人(Lim & Takanishi,2000)、办公室机器人(Asoh,Hayamizu,Hara,Motomura,Akaho,& Matsui,1997)、机器人(Patel & Hexmoor,2009)、具有类人面孔的机器人(Kobayashi & Hara,1993)、虚拟世界化身(Tang,Fu,Tu,Hasegawa‐Johnson,& Huang,2008)和成千上万的其他人造实体,它们都有一些共同点:迫切需要一种分散的、负担得起的、自动、快速、安全、可靠和准确的身份认证方法。为了解决这些问题,提出了人工实体特征识别的概念,它是一个识别、分类和认证机器人、软件和虚拟现实代理的研究领域(Yampolskiy,2007a;Yampolskiy & Govindaraju,2007;Gavrilova & Yampolskiy,2010)。

虽然机器人和代理认证领域最初看起来似乎有点未来派,但是仔细分析最近的新闻报道后发现,实际情况并非如此。为了说明这一点,下面给出了几个例子。据报道,恐怖分子已经在诸如第二人生的虚拟社区里进行招募和联络(Cole,2008)。网络犯罪,包括身份盗用,在拥有数以百万计化身和数十亿美元经济运作的虚拟世界里非常猖獗(Nood & Attema,2009)。安全专家已经向美国参议院证实,当国家网络基础设施受到新威胁的时候,缺乏有效的防御措施。在半自动黑客软件代理的协助下,国际黑客组织已经对五角大楼和其他政府机构的计算机及网络实施了很多次攻击(Thompson,2009)。

近年来,出现了一种虚拟社区特有的新范式,称为"混合现实"。在第二人生中,游客可以在最初的空地上移民、建造和开拓。因此,"这样创造出来的新现实,明显不完全是虚拟的,而是逐渐与真实现实有更多的联系"(Nood & Attema,2009)。虚拟环境中游戏玩家与他们关联的化身在社会、经济和心理状态之间的关系,是当前研究的一个主题。早期的研究结果表明,大部分的化身像它们的"主人",而不是完全虚拟的创造物。

随着真实世界与虚拟世界似乎真的彼此靠近,两者之间的区别开始逐渐消失,出现了能够在混合现实和增强现实背景下工作的需要(Lyu,King,Wong,Yau,& Chan,2005)。在 Van Kokswijk 于 2003 年发表的论文《计算机文化体系》(Architecture of a Cyber Culture)中,把这种现象描述成"真实现实与虚拟现实的混合与绝对的体验"。混合现实是真实世界与虚拟世界的一种混合的整体形象的产物。遗憾的是,目前可用的生物特征识别系统,没有被设计成能够处理非人类代理观察到的视觉与行为变化,因此如果应用于系统作用范围之外,那么性能会非常差,如图 8.1 所示。

图 8.1　仿人机器人模型、机器人名人和三维虚拟化身的人脸图像
(Oh,Hanson,Kim,Han,Han,& Park,2006;Ito,2009;Oursler,Price,& Yampolskiy,2009)

在这种"混合现实"中,化身的安全性与辨识是至关重要的问题。以互联网论坛上进行的民意调查为基础,网络社区的用户和成员不满意第二人生中的安全级别,有近 40% 的受访者要求额外提高安全性(Nood & Attema,2009)。统计数据确实令人担忧,并且指出了一个从人类社会到虚拟世界都会发生的更大的问题。超过一半的受访者报告说,他们被骚扰了(通过限制、跟踪、流言蜚语和使用不恰当的语言);40% 的受访者指出,第二人生中的某些行为应该是禁止的。因此,提高和加强安全的明确需求是显而易见的,这促进了日益复杂和相互关联的虚拟世界中的新的安全性研究。

现在,进一步探讨这个丰富多彩的研究领域,建立从网络安全领域到多模态生物特征识别的联系。

8.2　文献回顾

虽然还没有深入研究自动机器人身份认证或行为分析的文献,但是机器人情感识别的研究已经达到了一定的程度(Fong,Nourbakhsh,& Dautenhahn,2003)。除了理解机器人的情绪状态的实验之外,已经开始了一些对化身行为进行全面分析的研究工作,例如化身 DNA 项目。连接在一起的线段,确定了化身的面部轮廓。化身的基因都是独特的,并且包括用户生物特征数据、公开密钥信息、私人信息、身份认证信息和设计数据等。虚拟世界中的验证模块直接收集化身的信息,确立应该授予用户的角色和权利(Teijido,2009)。

在另一项联系真实世界与化身世界的实验中,William Steptoe 向 11 名志愿者问了一些私人问题。在访谈期间,志愿者们配备了眼动跟踪设备。第二组志愿者们观看化身的视频,这些化身向他们传达第一组的回答。一些化身有反映第一组志愿者眼球运动的眼球动作,而其他的化身则没有。第二组志愿者们必须判定化身是在说谎还是在说真话。由于眼球运动似乎对准确地检测真实的陈述有效果,因此可以确定身体语言在虚拟世界交流中的重要性(Fisher,2012)。

文献(Yampolskiy & Govindaraju,2008)给出了另一个用于识别智能软件代理的行为生物特征识别的例子,它最初是被开发用于识别人类的。人们认为,当玩家在网络游戏环境中使用非法机器人时,会获得超过其他玩家的不公平的计算机辅助优势。文献(Yampolskiy & Govindaraju,2007)报道了与自动地区分机器人和人类相类似的研究工作。文献(Yampolskiy,2007b)报道了通过人工智能软件代理,欺骗基于行为的生物特征识别系统的研究工作。2012 年有一篇迄今为止最全面的综述文章,建立了非生物实体认证研究的理论基础,其研究工作是部分基于生物特征识别技术实验室与美国路易斯维尔大学的合作项目(Gavrilova & Yampolskiy,2010)。这篇文章给出了 200 多篇参考文献,包括到目前为止生物特征识别在机器人技术和虚拟现实中所有已知的应用。这篇综述文章总结了最重要的进展,8.3节将会详细叙述。

8.3 非生物实体的概述

主要有 3 种类型的非生物实体,可以大致分为虚拟人(化身)、智能软件代理(机器人)和硬件机器人(Holz,Dragone,& O'Hare,2009)。

根据字典,单词"Avatar"的意思是:化身,即熟悉表象的一种新的人格化;或者是使用人类或超人类或动物的形式表现的印度教的神(尤其是毗瑟挐)。在网络社区里,化身是玩家在网络世界里的一种虚拟表示,是存在于虚拟环境中的软件产物,但真实世界里的人类玩家可以控制它。John Suler 于 2009 年撰写了一本网上图书,全面总结了化身的类型(Suler,2009)。这本书本身并不是一个典型的出版物,它只以网上形式存在,并且随着时间的推移,它的内容会反映虚拟游戏社区的不断变化。根据这本书,以化身的人类创造者的偏好与行为为基础,可以把化身分为下面几种类型(Suler,2009):

(1)奇怪的或令人震惊的化身:不寻常的或奇怪的。

（2）抽象化身：通过抽象艺术来表示。

（3）广告牌化身：布告或广告牌记录。

（4）匹配化身：通常在一起出现。

（5）社团化身：与相同的社会群体的成员有关。

（6）视频化身：包括视觉效果。

（7）动物化身：宠物。

（8）卡通化身：基于卡通画。

（9）名人化身：与流行文化有关。

（10）真实人脸化身：基于实际用户的照片。

（11）特殊化身：与特定的用户密切相关。

（12）位置化身：被放置在一个固定的位置。

（13）权力化身：传送授权。

可以通过化身的外貌、属性、行为、情景和它们经历的变化，以及分析时间依赖性，对这些化身进行区分。因此，传统的图像模式识别技术和行为生物特征识别方法，可以成功地用于这个任务。对于化身来说，行为辨识对确定化身的身份起到了关键作用。它们的行为分类，能够帮助理解关键的辨识趋势。因此，基于文献（Suler，2009），这样的行为可以表示为：恶作剧（例如弄脏他人的房间，用"面具"命令欺骗他人，或者在他人头上弹出文字气球）、多次快速改变化身的用户像洪水般涌进服务器、遮挡（把自己的化身置于他人化身上方，或者非常接近他人的化身）、睡眠（用户已经离开计算机，因此他们的化身没有反应）、偷听（把化身减少到单一像素，并把用户名减少到只有一个字符，这样就变成"隐身"，可以暗中偷听谈话）、化身丢弃（在空房间里放置一个不恰当的或者淫秽的化身）、身份混乱（人们遭受身份干扰，通过不断变换化身穿戴表现出来）。这些行为类似于人类的典型的犯罪行为，因此需要高度关注，负责虚拟社区的安全。

文献（Suler，2009）描述了与之类似的戏剧性的一幕。"有时候，即使是富有同情心的人，也很难抵制滑稽动作和玩游戏。一天晚上，一群人在温泉池里放置了一个无人操纵的女性道具。虽然自己试图做一名中立的观察者，但是最终发现自己也成为恶作剧的同谋。可以借助面具替道具说话，使之与他人交谈，好像它是另一位用户。实质上，这是一个虚拟的口技表演。对客人来说，这个女性道具很诱人，客人们都认为它是一个真正的人。这件事非常有趣，尽管可能捉弄了不知道面具命令的可怜且天真的客人。"这个引述非常重要，因为它介绍了另一种虚拟实体创造物，或称为"虚假化身"，这种化身与合乎现有规定的化身不同，它并不对应于真正的人，而是"看起来"与之相像，有时候甚至可以愚弄有经验的用户。使用生物特征识别的研究方法，以及开发专门解决化身身份认证和行为识别的新方法，能够帮助识别那些虚假的化身，以及对真正的化身进行分类。

8.4 化身身份认证

在本节中,将首先回顾文献(Gavrilova & Yampolskiy,2010)中描述的收集和分类化身与机器人数据库的技术,然后提出一种通过应用基于几何处理和多分辨率技术的生物特征合成方法的图像合成新方法。接下来,将研究虚拟世界中两种主要类型的身份认证,即视觉认证和行为认证,并且介绍多模态系统的增强性能。

8.4.1 数据集生成

正如本书第 6 章指出的那样,主要有 3 种不同类型的生物特征数据库:真实数据库、虚拟数据库和合成数据库。对于单模态生物特征识别来说,有丰富的免费提供的数据集(Li & Jain,2005),并且供应商经常举行比赛,建立了识别算法的性能基准。在虚拟现实领域,情况并非如此。目前,无法得到已经做过标记的化身的脸、机器人的脸或人工智能代理的属性化交谈的公共数据集。最近有一些论文,考虑使用人脸生成(Klimpak,Grgic,& Delac,2006;Gao,et al,2008)、性别归属(Corney,Vel,Anderson,& Mohay,2002)和人类与机器人在虚拟现实领域中的分类方法来解决这个问题。

通过设计和实现化身人脸自动采集过程的脚本技术,Roman Yampolskiy 教授已经开始致力于生成一个公开可用的数据集(Oursler,Price,& Yampolskiy,2009)。使用编程语言 AutoIt 和来自第二人生的脚本语言,即林登脚本语言(LSL),能够成功地生成随机的化身人脸。

图 8.2 显示了这个数据集的一部分随机生成的化身人脸。

图 8.2　左:机器人脸数据集的样本图像,目前仅限于人工采集;右:自动生成的随机化身人脸
(Oursler,Price,& Yampolskiy,2009;Yampolskiy & Govindaraju,2008)

　　通过脚本化的方法生成的数据集,包括对每个化身从不同角度拍摄的 10 幅照片。采集的图像是可移植网络图形(PNG)格式,图像的分辨率为 1024×768 像素,每幅图像的大小在 110~450KB 之间。对每个化身,拍摄了 1 幅上半身照片和 9 幅不同角度的脸部照片。这些角度包括每一个化身脸部的左上、左中、左下、中上、中中、中下、右上、右中和右下。这些图像使用一致的格式命名,说明程序、性别、化身编号和角度。化身的性别,依赖于用户在过程的开始阶段的选择(Oursler,Price,& Yampolskiy,2009)。

　　虽然已经可以指定所需的数据量、化身的性别和智能代理沟通的整体知识,但是产生具有特定特征的数据仍旧是一个难题。最近开发的一些生物特征合成方法,在这个任务中会变得易于操纵,下一节将会详细介绍这些内容。

8.4.2　合成生物特征与人工实体特征

　　到目前为止,化身生成与合成生物特征生成两个领域之间的联系,在很大程度上仍然是未知的。早在 20 世纪 90 年代,研究者们就曾尝试解决这个问题,当时他们讨论了从人脸自动创建化身所需要采取的具体步骤(Lyons,Plante,Jehan,Inoue,& Akamatsu,1998)。另外,Lyons 等提出,通过使用生物特征合成与认证技术,可以进一步增强化身的创建与认证过程。

　　合成生物特征被定义为"生物特征识别的反问题"(Wang & Gavrilova,2006),目的是创造真实现实中不存在但却与之相似的人工现象。加拿大卡尔加里大学生物特征识别技术实验室已经对合成生物特征进行了深入研究,最近在世界科学出版社出版的专著《图像模式识别:生物特征识别中的合成与分析》(Image Pattern Recognition: Synthesis and Analysis in Biometrics)里报道了研究成果(Yanushkevich,Wang, Gavrilova,& Srihari,2007)。在他们的研究中,建立了生物特征合成与反向逻辑之间的联系,同样的原理可以用于解决反向逻辑问题,并生成新的合成生物特征数据。

　　为了测试新系统和研究各种现象,人们对新的生物特征数据库提出了很多应用要求,而且要求很高。许多基于特征选择、模式分析、空间的功能分解、信号处理、图像分解和多分辨率分析的新方法,已经被用于生成新的合成生物特征数据。合成生物特征(例如指纹、虹膜、人脸、耳朵、手、行为趋势和虚拟人体)与人工实体(例如化身)之间的比较,是容易实现的。两者都是在使用计算机技术和复杂算法的条件下由人工创建的,都与人类和人类特征相似。但是,合成生物特征与化身之间存在一些实质性的差异。

　　至少到今天为止,合成生物特征是完全非个性化的。它通常并不对应于单一的个人或功能,而是拥有多个用于新的生物特征实体合成过程的生物特征。然而,对于创建新的虚拟数据集来说,正是这个特性最为有益。在通常情况下,数据合成是指为了满足一些预期的目的而创建新的数据,应用领域包括纹理合成、特定范围渲染和生物特征合成等。生物特征数据合成的主要目标之一,是为测试新开发的生物特征识别算法提供数据库(Luo & Gavrilova,2006;Monwar & Gavrilova,2006)。例如,文献(Luo,Gavrilova,& Wang,2008)提出了一种基于二维和三维人脸网格模型的人脸合成与表情建模的新方法。在这种方法中,通过三维 Voronoi 图实现了控制点的选择。

然而,对于化身产生来说,通常不是这样的。化身的特征,例如脸部,可能是基于单一来源(一张照片或一幅人脸绘画)创建的。在这种情况下,来源可以是真实的(如实际的照片或人脸扫描),也可以是艺术创造的(如卡通人物、漫画等)。它可以与来源相似,具有个性化的特征,例如特定的眼睛颜色、选择的发型与饰品、嗓音等。而且,为了给化身创建不同年龄的外貌,可以引入时间概念。

定制合成创建和赋予化身更多的个体特征的能力如上所述,但是在生物特征合成研究和化身创建与识别领域之间仍然存在着非常自然的联系。后者是人工实体特征识别的核心研究课题,这个研究领域以虚拟现实领域中使用生物特征识别原理的人工实体识别为重点。在美国路易斯维尔大学网络安全实验室和加拿大卡尔加里大学生物特征识别技术实验室,这个研究领域得以建立和推广。

8.4.3　视觉识别

现在要特别关注化身的视觉识别。人脸识别是人类能够轻松完成的常规任务,并且是儿童在其一生中学习的首要技能之一。到目前为止,关于这个主题,已经发表了成千上万篇论文。其中,文献(Yang,Kriegman,& Ahuja,2002;Zhao,Chellappa,Phillips,& Rosenfeld,2003;Tan,Chen,Zhou,& Zhang,2006)综述了人脸生物特征识别的研究情况。此外,最近出版了一本书,介绍了人脸生物特征识别领域中最前沿的内容(Jain & Li,2004)。基于知识的方法,例如多分辨率方法(Yang & Huang,1994),利用了面部特征之间的关系。特征不变量方法可以在各种姿势和光照条件下,寻找结构的一致性。这些方法是以边缘分组(Yow & Cipolla,1997)、空间相关矩阵(Dai & Nakano,1996)和高斯模型(McKenna,Gong,& Raja,1998)为基础的。模板匹配方法能够提取人脸的标准模式,用于后续的区域比较,确定相互关联的程度,经典的例子包括形状模板(Craw,Tock,& Bennett,1992)和主动形状模型(ASM)(Lanitis,Taylor,& Cootes,1995)。许多常用的基于表观的方法,例如本征向量分解(Turk & Pentland,1991)、支持向量机(SVM)(Osuna,Freund,& Girosi,1997)、隐马尔可夫模型(HMM)(Rajagopalan,et al,1998)、朴素贝叶斯分类器(NBC)(Schneiderman & Kanade,1998)和神经网络(NN)(Rowley,Baluja,& Kanade,1998),能够通过一组训练图像学习人脸模板。

可以发现一个有趣的现象,即这种合适的技术用于化身脸识别比用于人脸识别可能更有效。对于一张真实的照片,有许多因素会对图像质量产生负面影响,因此会影响识别效果。尽管有归一化方法,但是空气质量、光照、反射、人的姿态、服饰、可能的运动、用于采集图像的物理介质的类型(胶卷、摄像机和手机)、采集设备与人之间的距离或定位的影响,都会使人脸识别问题难以解决。相反,在虚拟世界里,尽管存在一些可变性,但由于化身是计算机生成的实体,因此更容易进行匹配。图 8.3 给出了一个基于特征(基于几何)的化身脸识别方法的应用案例(Gavrilova & Yampolskiy,2010),该方法类似于基于几何的真实人脸识别方法。图 8.4 给出了另一个案例,表明也可以考虑使用颜色和纹理信息(Mohamed & Gavrilova,2012)。在这个案例中,使用小波方法迭代细分图像,提取基于表观的特征。

图 8.3　基于特征的化身脸识别(Gavrilova & Yampolskiy,2010)

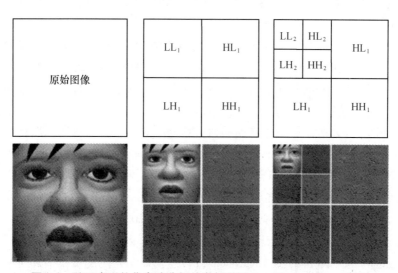

图 8.4　基于表观的化身脸分析的案例(Mohamed & Gavrilova,2012)

另一个需要考虑的重要因素,是在某些情况下,化身与它的人类创造者非常相似,这使得有可能把成功的化身识别结果用于人类识别,反之亦然。这将会开拓虚拟世界生物特征识别的新领域,或者借助虚拟世界里的识别结果,增强真实世界里的生物特征识别。

8.4.4　行为认证

人脸识别、面部表情分析和人脸合成是非常突出且非常活跃的生物特征识别研究领域(Monwar & Gavrilova,2008;Jain & Li,2004)。人脸识别可以用于医学科学、测谎、人机接口(HCI)、疼痛分析、拥挤控制、教育和网络游戏等领域。对于面部表情分析来说,最近与在外界影响下的人类大脑活动的脑电图(EEG)研究结合在一起。在游戏与电影行业中,人们一直积极研究情感识别,使用真实感和非真实感渲染方法给角色赋予生命。最后,在培训意识系统人员时,把人脸合成用于验证真实的场景,并作为一个相当廉价的工具,用于测试复杂的算法在大规模合成数据的数据集上的性能。

情感识别与人脸识别相结合,是一个新兴的研究趋势。另一个新兴的研究趋势,是使用附加的元数据增强系统的识别能力。

一种解决行为认证问题的方法,是考虑细微的表情变化,并以强大的计算几何方法为基础,在二维和三维空间里对表情图像进行变形(Wang,Gavrilova,Luo,& Rokne,2006;Wecker,Samavati,& Gavrilova,2005;Luo,Gavrilova,& Wang,2008)。这项工作为表情建模与变形领域做出了许多重要贡献:它是基于草图的人脸图像生成方法的最初应用之一,也是第一个保留和使用细微表情线的应用;它提供了一种简单且完全自动化的算法,这种算法以距离变换为基础,通过一个巧妙的图像扫描和重复使用前一步骤所获信息的过程,计算单色图像中像素之间的映射;它还提供了一种 Sibson 坐标与 Delaunay 三角形网格的组合算法,用于生成和变形三维人脸模型;因为生成的所有人脸模型具有相同的底层结构,所以通过开发工具创建的动画可以很容易地重定向到不同的模型,因此,它可以生成具有不同表情的人脸模型,适合在真实场景中进行安全系统测试。

另一个与行为认证有关的有趣的研究领域是取证,或称为身份识别。分析纯文本(Juola & Sofko,2004;Koppel & Schler,2004;Koppel,Schler,& Mughaz,2004)、电子邮件(Stolfo,Hershkop,Wang,Nimeskern,& Hu,2003;Vel,Anderson,Corney,& Mohay,2001)和源代码(Spafford & Weeber,1992;Gray,Sallis,& MacDonell,1997;Frantzeskou,Gritzalis,& MacDonnell,2004;Halteren,2004),能够洞察术语的具体用法和独特的写作或打字风格,因此在虚拟世界里可以像在真实世界里一样方便。文献(Stamatatos,Fakotakis,& Kokkinakis,1999)提供了常用的文本描述符列表。一旦建立了语言特征,就可以使用多种学习方法。使用支持向量机(Joachim,Jorg,

Edda,& Paass,2003）、贝叶斯分类器（Kjell,1994）和统计分析方法（Stamatatos,Fa-kotakis,& Kokkinakis,2001），可以学习常见的模式,帮助建立主题的来源。显然,以化身在虚拟世界中沟通的方式为基础,这些方法几乎可以直接应用于化身的行为模式分析。

8.4.5　多模态生物特征识别和机器人/化身识别

仅基于单一生物特征的生物特征识别系统,不可能总是以最优或最精确的方法识别人工实体。当面对复杂模式、不一致的行为、异常数据或含噪数据、故意的或偶然的恶作剧等情况时,尤其如此。一个可靠且成功的多生物特征识别系统,通常使用有效的融合方案,融合多个匹配器提供的信息。像本书前几章介绍的那样,在过去的十年里,为了提高生物特征识别系统的安全性,从而提高认证系统的安全性和性能,研究者们尝试过传感器级、特征级、决策级和匹配分数级的各种生物特征融合方法。

在虚拟世界里,能够以相似的方式使用人工实体的行为与生理特征,并把它们作为文献（Gavrilova & Yampolskiy,2010）提出的多模态的生理情感人工实体特征识别系统的一部分。事实上,这种方法对人工实体识别尤为有效,这是因为在虚拟世界比在真实世界有更多伪装自己的方式。例如,在真实世界使用整形手术改变一个人的外貌,并不像在虚拟世界里改变一个人的外貌那么常见或普及。但是,很难同时改变某人在真实环境和虚拟环境里的行为、习惯或说话的方式。因此,对于虚拟世界来说,反向依赖成为现实:与基于表观的模式相比,行为模式可能具有更高的影响力,这就意味着具有更高的识别率。虽然表观识别值有所减少,但是行为模式研究、流行活动分析、社交环境、说话的方式、喜欢去的地方、业余爱好、技能、艺术甚至在虚拟世界里的财富,都可以为虚拟实体认证提供关键信息。文献（Gavrilova & Yampolskiy,2010）提出,新兴的研究领域是使用多模态生物特征识别方法,把人工实体的视觉识别与行为识别结合起来。这篇文献还提出了另一个高度原创性的概念,即多维系统的概念（Gavrilova & Yampolskiy,2010）。多维系统是虚拟世界与真实世界的一种融合,在虚拟世界与真实世界中,可以通过化身创造者的身份认证进行化身的身份认证,反之亦然。

8.5　应用

毫无疑问,网络安全是许多现代组织以及全世界公民重点关心的问题之一。

恶意的智能软件已经多次企图非法访问信息或系统资源。它影响虚拟社区、社交网络和政府支持的网络基础设施的安全。使用新方法应对这些威胁,是生物特征识别与网络安全的目标之一。

对基于行为分析的软件代理进行广泛研究,可以谨慎地把有用的机器人与恶意软件分开(Gavrilova & Yampolskiy,2010)。对人工实体特征识别的进一步研究,可能会产生更多的为了利用人工智能程序的独特结构而专门设计的行为分析方法(Ahn,Blum,Hopper,& Langford,2003;Baird & Bentley,2005;Bentley & Mallows,2006;Misra & Gaj,2006;Yampolskiy & Govindaraju,2007)。

探究化身与化身主人之间的行为相似性,以及交互行为分析,很可能有助于了解两者的具体的行为趋势。而且,它们行为的一些变化,可能暗示潜在的安全攻击的风险更高,或者只是准确地描述正常行为与异常行为之间的区别(Gavrilova & Yampolskiy,2010)。

使用脑电图研究的最新成果,可以进一步建立人类与化身的情感联系,尝试了解外部因素(气味、声音和触摸)如何影响人类的情感,以及在虚拟世界里化身如何表达这些信息(Sourina,Sourin,& Kulish,2009)。

在众多领域中,很快就出现了确保机器人网络(即智能合作代理与机器人/人类混合团队组成的群体)交互的需求。在虚拟世界里,不同的智能软件之间,或者人类与智能软件实例之间的交互,是一个重要的研究领域(Kanda,Ishiguro,Ono,Imai,& Mase,2002;Klingspor,Demiris,& Kaiser,1997)。

新的应用包括以人工智能软件协助为基础的游戏作弊检测,可以提供针对虚拟世界(例如第二人生)的视觉和行为的搜索功能,并且虚拟世界中的商品营销只以与特定配置文件相匹配的代理为目标(Gavrilova & Yampolskiy,2010)。

虽然使用数字签名和加密通信在人类运作的基于网络的互联环境中已经成为规范,但是开发基于生物特征安全理念的用于识别机器人和智能代理的类似协议,仍然是身份管理的新途径。

人工实体特征识别的其他重要的应用领域,包括银行业、边境管制、移民政策、电子商务、虚拟社区发展、社交网络、网络游戏社区和其他的协作环境。

8.6 本章小结与工作展望

本章介绍了安全研究的一个新分支,它改变并扩大了生物特征识别领域,除了生物实体外,还包括正迅速成为社会一部分的虚拟现实实体,例如化身。美国路易斯维尔大学网络安全实验室和加拿大卡尔加里大学生物特征识别技术实验室的人工实体特征识别研究,以法医学、机器人学、虚拟现实、计算机图形学、生物特征识别和安全等不同的学科领域为基础,并扩大了它们的应用范围。本章讨论了如何通过分析化身的视觉属性和行为特征,确保验证和识别化身。本章还介绍了用于人工实体识别的多模态系统,同时概述了实体的多个独立的生理和行为特征,创建了能够认证生物实体(人类)和非生物实体(化身)的新一代多模态系统。

　　未来的网络安全和生物特征识别研究,可能需要以在未来的智能人工实体中引入新的特征与能力为基础,深入研究针对化身/机器人安全的其他的视觉与行为方法。现代研究能够扩大机器人生物特征识别的范围,使之超越基于图像与文本且能够相当成功地模仿人类智能的智能软件代理之间的通信。反过来,随着人工智能和虚拟现实领域的发展,它们将产生跨越人类和人工实体世界的身份管理的新一代安全解决方案。

参 考 文 献

Ahn L V,Blum M,Hopper N,Langford J. (2003). CAPTCHA:using hard AI problems for security. In Proceedings of Eurocrypt,2003. Eurocrypt.

Asoh H,Hayamizu S,Hara I,Motomura Y,Akaho S,Matsui T. (1997). Socially embedded learning of the office – conversant mobile robot Jijo – 2. In Proceedings of 15th International Joint Conference on Artificial Intelligence. ACM/IEEE.

Baird H S,Bentley J L. (2005). Implicit CAPTCHAs. In Proceedings of the SPIE/IS&T Conference on Document Recognition and Retrieval XII (DR&R2005). San Jose,CA:SPIE/IS&T.

Bentley J,Mallows C L. (2006). CAPTCHA challenge strings:problems and improvements. In Proceedings of Document Recognition & Retrieval. IEEE.

Boyd R S. (2010). Feds thinking outside the box to plug intelligence gaps. Retrieved from http://www. mcclatchydc. com/2010/03/29/91280/feds – thinking – outside – the – box. html

Charles J S,Rosenberg C,Thrun S. (1999). Spontaneous,short – term interaction with mobile robots. In Proceedings of IEEE International Conference on Robotics and Automation,(pp. 658 – 663). IEEE.

Chen K – J,Barthes J – P. (2008). Giving an office assistant agent a memory mechanism. In Proceedings of 7th IEEE International Conference on Cognitive Informatics,(pp. 402 – 410). IEEE.

Cole J. (2008). Second life salon. Retrieved from http://www. salon. com/opinion/feature/2008/02/25/avatars/

Corney M,Vel O D,Anderson A,Mohay G. (2002). Gender – preferential text mining of e – mail discourse. In Proceedings of 18th Annual Computer Security Applications Conference,(pp. 282 – 289). Brisbane,Australia: IEEE.

Craw I,Tock D,Bennett A. (1992). Finding face features. In Proceedings of Second European Conference on Computer Vision,(pp. 92 – 96). Santa Margherita Ligure,Italy:IEEE.

Dai Y,Nakano Y. (1996). Face – texture model based on SGLD and its application in face detection in a color scene. Pattern Recognition,29(6),1007 – 1017. doi:10. 1016/0031 – 3203(95)00139 – 5.

Fisher R. (2012). Avatars can't hide your lying eyes. New Scientist. Retrieved from www. newscientist. com/article/ mg20627555. 600 – avatars – cant – hide – your – lying – eyes. html

Fong T W,Nourbakhsh I,Dautenhahn K. (2003). A survey of socially interactive robots. Robotics and Autonomous Systems,42,143 – 166. doi:10. 1016/S0921 – 8890(02)00372 – X.

Frantzeskou G,Gritzalis S,MacDonell S. (2004). Source code authorship analysis for supporting the cybercrime investigation process. In Proceedings of 1st International Conference on eBusiness and Telecommunication Networks –

Security and Reliability in Information Systems and Networks Track, (pp. 85 – 92). Setubal, Portugal: IEEE.

Gao W, Cao B, Shan S, Chen X, Zhou D, Zhang X, Zhao D. (2008). The CAS – PEAL large – scale Chinese face data-base and baseline evaluations. IEEE Transactions on Systems, Man, and Cybernetics – Part A: Systems and Humans, 38 (1), 149 – 161.

Gavrilova M L, Yampolskiy R V. (2010). Applying biometric principles to avatar recognition. In Proceedings of Inter-national Conference on Cyberworlds (CW), (pp. 179 – 186). IEEE.

Gianvecchio S, Xie M, Wu Z, Wang H. (2008). Measurement and classification of humans and bots in internet chat. In Proceedings of 17th Conference on Security Symposium, (pp. 155 – 169). San Jose, CA: IEEE.

Gray A, Sallis P, MacDonell S. (1997). Software forensics: extending authorship analysis techniques to computer pro-grams. In Proceedings of 3rd Biannual Conference of the International Association of Forensic Linguists. IEEE.

Halteren H V. (2004). Linguistic profiling for author recognition and verification. In Proceedings of ACL. ACL.

Holz T, Dragone M, O' Hare G P. (2009). Where robots and virtual agents meet: a survey of social interaction research across Milgram's reality – virtuality continuum. International Journal of Social Robotics, 1 (1). doi: 10. 1007/ s12369 – 008 – 0002 – 2.

Ito J. (2009). Fashion robot to hit Japan catwalk. PHYSorg. Retrieved from www. physorg. com/pdf156406932. pdf

Jain A K, Li S Z. (2004). Handbook on face recognition. New York, NY: Springer – Verlag.

Joachim D, Jorg K, Edda L, Paass G. (2003). Authorship attribution with support vector machines. In Proceedings of Applied Intelligence, (pp. 109 – 123). IEEE.

Juola P, Sofko J. (2004). Proving and improving authorship attribution. In Proceedings of CaSTA. CaSTA.

Kanda T, Ishiguro H, Ono T, Imai M, Mase K. (2002). Multi – robot cooperation for human – robot communication. In Proceedings of 11th IEEE International Workshop on Robot and Human Interactive Communication, (pp. 271 – 276). IEEE.

Khurshid J, Bing – Rong H. (2004). Military robots – a glimpse from today and tomorrow. In Proceedings of 8th Con-trol, Automation, Robotics and Vision Conference, (pp. 771 – 777). IEEE.

Kjell B. (1994). Authorship attribution of text samples using neural networks and Bayesian classifiers. In Proceedings of IEEE International Conference on Systems, Man, and Cybernetics. ' Humans, Information and Technology ', (pp. 1660 – 1664). San Antonio, TX: IEEE.

Klimpak B, Grgic M, Delac K. (2006). Acquisition of a face database for video surveillance research. In Proceedings of 48th International Symposium focused on Multimedia Signal Processing and Communications, (pp. 111 – 114). IEEE.

Klingspor V, Demiris J, Kaiser M. (1997). Human – robot – communication and machine learning. Applied Artificial Intelligence, 11, 719 – 746.

Kobayashi H, Hara F. (1993). Study on face robot for active human interface – mechanisms of facerobot and expres-sion of 6 basic facial expressions. In Proceedings of 2nd IEEE International Workshop on Robot and Human Communication, (pp. 276 – 281). Tokyo, Japan: IEEE.

Koppel M, Schler J. (2004). Authorship verification as a one – class classification problem. In Proceedings of 21st International Conference on Machine Learning, (pp. 489 – 495). Banff, Canada: IEEE.

Koppel M, Schler J, Mughaz D. (2004). Text categorization for authorship verification. In Proceedings of Eighth Inter-national Symposium on Artificial Intelligence and Mathematics. Fort Lauderdale, FL: IEEE.

Lanitis A, Taylor C J, Cootes T F. (1995). An automatic face identification system using flexible appearance model. Image and Vision Computing, 13 (5), 393 – 401. doi: 10. 1016/0262 – 8856 (95) 99726 – H.

Li S,Jain A K. (2005). Handbook of face recognition - face databases. New York,NY:Springer.

Lim H - O,Takanishi A. (2000). Waseda biped humanoid robots realizing human - like motion. In Proceedings of 6th International Workshop on Advanced Motion Control,(pp. 525 - 530). Nagoya,Japan:IEEE.

Luo Y,Gavrilova M L. (2006). 3D facial model synthesis using Voronoi approach. In Proceedings of IEEE ISVD, (pp. 132 - 137). Banff,Canada:IEEE.

Luo Y,Gavrilova M L,Wang P S P. (2008). Facial metamorphosis using geometrical methods for biometric applications. International Journal of Pattern Recognition and Artificial Intelligence, 22 (3), 555 - 584. doi: 10. 1142/S0218001408006399.

Lyons M,Plante A,Jehan S,Inoue S,Akamatsu S. (1998). Avatar creation using automatic face recognition. In Proceedings of ACM Multimedia 98,(pp. 427 - 434). Bristol,UK:ACM.

Lyu M R,King I,Wong T T,Yau E,Chan P W. (2005). ARCADE:augmented reality computing arena for digital entertainment. In Proceedings of IEEE Aerospace Conference. Big Sky,MT:IEEE.

McKenna S,Gong S,Raja Y. (1998). Modelling facial colour and identity with Gaussian mixtures. Pattern Recognition,31(12),1883 - 1892. doi:10. 1016/S0031 - 3203(98)00066 - 1.

Misra D,Gaj K. (2006). Face recognition CAPTCHAs. In Proceedings of International Conference on Telecommunications,Internet and Web Applications and Services. IEEE.

Mohamed A A,Gavrilova M L,Yampolskiy R V. (2012). Artificial face recognition using wavelet adaptive LBP with directional statistical features. In Proceedings of CyberWorlds 2012. IEEE. doi:10. 1109/CW. 2012. 11.

Monwar M M,Gavrilova M. (2008). FES:a system for combining face,ear and signature biometrics using rank level fusion. In Proceedings of 5th International Conference on Information Technology:New Generations,(pp. 922 - 927). Las Vegas,NV:IEEE.

Nood D D,Attema J. (2009). The second life of virtual reality. Retrieved from http://www. epn. net/interrealiteit/ EPN - REPORT - The_Second_Life_of_VR. pdf

Oh J - H,Hanson D,Kim W - S,Han I Y,Han Y,Park I - W. (Eds.). (2006). Proceedings of International Conference on Intelligent Robots and Systems. Daejeon,South Korea:IEEE.

Osuna E,Freund R,Girosi F. (1997). Training support vector machines:an application to face detection. In Proceedings of IEEE Conference on Computer Vision and Pattern Recognition,(pp. 130 - 136). IEEE.

Oursler J N,Price M,Yampolskiy R V. (2009). Parameterized generation of avatar face dataset. In Proceedings of 14th International Conference on Computer Games:AI,Animation,Mobile,Interactive Multimedia,Educational & Serious Games. Louisville,KY:IEEE.

Patel P,Hexmoor H. (2009). Designing BOTs with BDI agents. In Proceedings of International Symposium on Collaborative Technologies and Systems (CTS),(pp. 180 - 186). Carbondale,PA:IEEE.

Rajagopalan A N,Kumar K S,Karlekar J,Manivasakan R,Patil M M,Desai U B,Poonacha P G,Chaudhuri S. (1998). Finding faces in photographs. In Proceedings of 6th International Conference on Computer Vision, (pp. 640 - 645). IEEE.

Ross A. (2007). An introduction to multibiometrics. In Proceedings of 15th European Signal Processing Conference. Poznan,Poland:IEEE.

Ross A,Jain A K. (2003). Information fusion in biometrics. Pattern Recognition Letters,24,2115 - 2125. doi: 10. 1016/S0167 - 8655(03)00079 - 5.

Rowley H,Baluja S,Kanade T. (1998). Neural network - based face detection. IEEE Transactions on Pattern Analysis and Machine Intelligence,20(1),23 - 38. doi:10. 1109/34. 655647.

Schneiderman H, Kanade T. (1998). Probabilistic modeling of local appearance and spatial relationships for object recognition. In Proceedings of IEEE Conference on Computer Vision and Pattern Recognition, (pp. 45 - 51). IEEE.

Sourina O, Sourin A, Kulish V. (2009). EEG data driven animation and its application. [MIRAGE]. Proceedings of MIRAGE, 2009, 380 - 388.

Spafford E H, Weeber S A. (1992). Software forensics: can we track code to its authors? In Proceedings of 15th National Computer Security Conference, (pp. 641 - 650). IEEE.

Stamatatos E, Fakotakis N, Kokkinakis G. (1999). Automatic authorship attribution. In Proceedings of Ninth Conference of the European Chapter of the Association of Computational Linguistics, (pp. 158 - 164). Bergen, Norway: IEEE.

Stamatatos E, Fakotakis N, Kokkinakis G. (2001). Computer - based authorship attribution without lexical measures. Computers and the Humanities, 35(2), 193 - 214. doi: 10. 1023/A:1002681919510.

Stolfo S J, Hershkop S, Wang K, Nimeskern O, Hu C - W. (2003). A behavior - based approach to securing email systems. In Proceedings of 2nd International Workshop on Mathematical Methods, Models and Architectures for Computer Networks Security, 2776, 57 - 81. doi: 10. 1007/978 - 3 - 540 - 45215 - 7_5.

Suler J. (2009). The psychology of cyberspace. Retrieved from http://psycyber. blogspot. com

Tan X, Chen S, Zhou Z - H, Zhang F. (2006). Face recognition from a single image per person: a survey. Pattern Recognition, 39(9), 1725 - 1745. doi: 10. 1016/j. patcog. 2006. 03. 013.

Tang H, Fu Y, Tu J, Hasegawa - Johnson M, Huang T S. (2008). Humanoid audio - visual avatar with emotive text - to - speech synthesis. IEEE Transactions on Multimedia, 10, 969 - 981. doi: 10. 1109/TMM. 2008. 2001355.

Teijido D. (2009). Information assurance in a virtual world. In Proceedings of Australasian Telecommunications Networks and Applications Conference. Canberra, Australia: IEEE.

Thompson B G. (2009). The state of homeland security. Retrieved from http://hsc - democrats. house. gov/SiteDocuments/20060814122421 - 06109. pdf

Turk M, Pentland A. (1991). Eigenfaces for recognition. Journal of Cognitive Neuroscience, 3(1), 71 - 86. doi: 10. 1162/jocn. 1991. 3. 1. 71.

Vel O D, Anderson A, Corney M, Mohay G. (2001). Mining email content for author identification forensics. SIGMOD Record, 30(4), 55 - 64. doi: 10. 1145/604264. 604272.

Wang C, Gavrilova M L. (2006). Delaunay triangulation algorithm for fingerprint matching. In Proceedings of ISVD, (pp. 208 - 216). Banff, Canada: ISVD.

Wang C, Gavrilova M, Luo Y, Rokne J. (2006). An efficient algorithm for fingerprint matching. In Proceedings of International Conference on Pattern Recognition, (pp. 1034 - 1037). IEEE.

Wecker L, Samavati F, Gavrilova M. (2005). Iris synthesis: a multi - resolution approach. In Proceedings of 3rd International Conference on Computer Graphics and Interactive Techniques in Australasia and South East Asia, (pp. 121 - 125). IEEE.

Yampolskiy R V. (2007). Behavioral biometrics for verification and recognition of AI programs. In Proceedings of 20th Annual Computer Science and Engineering Graduate Conference (GradConf). Buffalo, NY: GradConf.

Yampolskiy R V. (2007). Mimicry attack on strategy - based behavioral biometric. In Proceedings of 5th International Conference on Information Technology: New Generations, (pp. 916 - 921). Las Vegas, NV: IEEE.

Yampolskiy R V, Govindaraju V. (2007). Behavioral biometrics for recognition and verification of game bots. In Proceedings of the 8th Annual European Game - On Conference on Simulation and AI in Computer

Games. Bologna, Italy: IEEE.

Yampolskiy R V, Govindaraju V. (2007). Embedded non – interactive continuous bot detection. ACM Computers in Entertainment, 5(4), 1 – 11. doi: 10. 1145/1324198. 1324205.

Yampolskiy R V, Govindaraju V. (2008). Behavioral biometrics for verification and recognition of malicious software agents. In Proceedings of SPIE Defense and Security Symposium. Orlando, FL: IEEE.

Yang G, Huang T S. (1994). Human face detection in a complex background. Pattern Recognition, 27 (1), 53 – 63. doi: 10. 1016/0031 – 3203(94)90017 – 5.

Yang M – H, Kriegman D J, Ahuja N. (2002). Detecting faces in images: a survey. IEEE Transactions on Pattern Analysis and Machine Intelligence, 24(1).

Yanushkevich S N, Wang P S P, Gavrilova M L, Srihari S N. (2007). Image pattern recognition: synthesis and analysis in biometrics. New York, NY: World Scientific Publishing Company.

Yow K C, Cipolla R. (1997). Feature – based human face detection. Image and Vision Computing, 15(9), 713 – 735. doi: 10. 1016/S0262 – 8856(97)00003 – 6.

Zhao W, Chellappa R, Phillips P J, Rosenfeld A. (2003). Face recognition: a literature survey. ACM Computing Surveys, 35(4), 399 – 458. doi: 10. 1145/954339. 954342.

第9章
混沌神经网络与多模态生物特征识别

神经网络是一组相互连接的神经元,能够从可用于识别和学习模式的不精确的数据中推出结论。本章将介绍神经网络作为生物特征安全系统的一种智能学习工具的概念。神经网络已经被广泛用于解决各种计算和优化问题。在本章的前一部分,将重点讨论一个特定的主题——神经网络中的混沌。详细描述近期开发的按需混沌噪声注入法,用于处理非自治方法的一个普遍的缺点,即盲噪声注入策略。本章的9.5节、9.6节和9.7节将讨论在复杂的生物特征安全系统背景下的高维问题。数据量及其复杂性是无法回避的问题,处理这个问题的方法之一是使用降维技术,这种技术通常是以聚类或空间变换为基础的。降维后的向量,可以用于联想记忆的能量模型,通过这个模型可以学习数据模式。这样处理的好处在于,这是一种学习器系统,可以把给定的一组向量收敛到网络中的存储模式,以后可以用于生物特征识别,也可以用于识别最显著的生物特征模式。在本章的结尾部分,将介绍一些例子,说明在生物特征识别(包括单模态和多模态生物特征识别)领域使用这类方法的可行性。

9.1 引言

在前面的章节里,本书使用了多模态生物特征识别的概念,特别是使用排序级融合方法设计了高度可靠且准确的生物特征识别系统。使用受试者的附加信息,例如身高、年龄和性别,或所谓的软生物特征模式,可以获得一些优势。在第8章里,还介绍了以行为特征与表观特征相结合为基础的新的研究领域中的人工实体例子,例如机器人、化身和智能软件代理。

本节将关注学习方法,试图给在大量的生物特征数据中使用和识别最为突出和显著的模式提供帮助,而这些生物特征数据不要求必须源自相同的生物特征。可以在匹配前阶段或匹配后阶段融合不同来源的生物特征,然后通过降维或自适应学习方法识别最显著的特征。

本章提出的方法,具有一些有趣的特点:

(1)不依赖于一种强生物特征。即使样本不可用或者损坏,也不会危及识别准确度和安全系统的性能。

（2）能够在匹配前或匹配后融合特征，因此在实际应用中，可以对系统的设计与实现或集成的方法进行选择。

（3）使用巧妙的降维技术，可以控制计算复杂度，因此可以考虑实时性能。

（4）在匹配之前，使用学习方法在生物特征数据库上训练神经网络，可以得到更好的识别率。

在实际的生物特征安全系统（指的是使用生物特征进行身份识别的系统）中，存在许多应该考虑的重要问题，包括性能（可以实现的识别准确度和速度）和规避（系统的抗噪声和防欺骗能力）。为了使生物特征识别系统满足性能和规避的要求，需要使用两种或两种以上的生物特征。对于多种生物特征，需要使用多模态生物特征识别技术。这种技术是不同生物特征识别技术的一种组合，可以根据不同的生理生物特征（例如人脸、虹膜和指纹）和行为特征（例如签名、语音和步态）而变化。

在多模态生物特征识别系统中，处理不同的生物特征和特性，通常会出现很多应该解决的问题（Dalenol, Dellisanti, & Giannini, 2008；Ho, Hull, & Srihari, 1994；Johnson, 1991；Verlinde & Cholet, 1999）。在这样一个系统中，一个常见的问题是数据维度高，它会对安全系统的性能产生负面影响。因此，需要使用降维方法。然而，由于最近开发的生物特征的数据挖掘技术与数据分析技术之间存在分歧，因此近期的多模态生物特征识别系统没有考虑使用降维方法。为了改变这种状况，可以使用坐标轴平行的子空间和聚类方法，减少所有可能的子空间的搜索范围。这也可以帮助处理含噪数据，提高生物特征识别系统的容错能力。使用基于混沌神经网络（CNN）的学习方法，能够帮助提高多模态生物特征识别系统的性能和规避能力。

任何一个多生物特征识别系统，都应该能够在各种条件下有效地运行。为了确保系统免受噪声、样本质量甚至完全缺少一些生物特征的影响，在其上运行的数据和算法发挥了关键作用。为了实现上述目标，需要解决的关键问题是数据的高维度。减少生物特征识别系统模型的数据维数，首先可以更容易地确定数据模式，这样能够提高生物特征验证系统的速度和可靠性；其次能够更容易地处理噪声、畸变、光照变化、模板老化和其他人为现象；最后作为模板匹配过程的一部分，其分析了来自选定的单个生物特征的匹配距离值。这些值的数量可能高达数百万，很难处理，因此必须使用降维方法。所以，有必要找到一种处理高维数据的方法，创建一个新的数据子空间的聚类或分类，从而实现上述目标。

为了解决高维问题，已经开发了多种方法，例如聚类和多维向量投影到低维空间的方法（Achtert, Böhm, Kriegel, Kröger, & Zimek, 2007；Achtert, Böhm, David, Kröger, & Zimek, 2008）。还有一种方法是用于大数据库的局部自适应方法（Chakrabarti, Keogh, Mehrotra, & Pazzani, 2002）。在聚类的同时，处理数据的不确定性通常需要额外注意细节（Charu, Aggarwal, & Philip, 2008）。处理空间数据库，还需要特殊的方法(Ester,Kriegel,Sander,& Xu,1996)。可以使用诸如主成分分析(PCA)的特征选择方法,把原始数据空间映射到低维数据空间,使数据更好地聚类,从而产生更有意义的聚类(Jain,Ross,& Pranbhakar,2004)。虽然 PCA 已经成功地应用于人脸生物特征识别研究,但遗憾的是,像这样的特征选择或降维技术不适用于生物特征聚类问题。

9.2 系统构成

理解了基于神经网络的生物特征识别系统的一般体系结构,就能够进一步了解这种理念的主要好处。图9.1 和图9.2 对本章所提出的多模态生物特征识别系统进行了说明。图9.1 显示了为训练生物特征识别系统的数据集而创建模板的流程图。对于每一个系统用户来说,他们的个体生物特征被收集起来,并被表示成一种降维的特征向量集。这种特征向量集将作为神经网络的输入,并以混沌联想记忆为基础,学习常见的模式,以用于后续的用户识别。

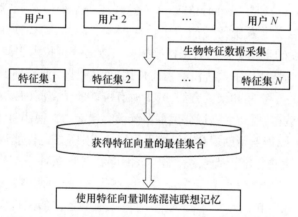

图9.1 生物特征识别系统由训练数据库生成模板的步骤

图9.2 显示了新用户注册与匹配的流程。新用户在使用系统进行身份认证之前,必须先注册。而且,必须由为新用户提供注册服务的获授权人监控这个过程。获授权人必须确保注册人是其本人。在这个过程中,需要创建模板,并把它存储在智能卡上的数据库中,或者存储在其他存储介质上。如果用户注册成功,那么用户就可以被授权登录,使用生物特征识别。通过降维模块,可以把新用户模板转换成特征向量空间中的更紧凑的表示形式。然后,把模式作为联想记忆的输入,用于基于神经网络的匹配运算。匹配过程的结果,是允许访问系统或拒绝访问系统,即是或否。降维模块、混沌联想记忆和神经网络运算,是生物特征识别研究中的新的智能方法。

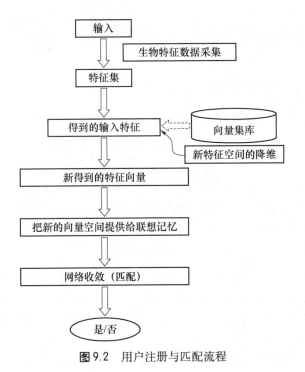

图 9.2　用户注册与匹配流程

现在,可以把人工神经网络(ANN)描述成一种能够提高生物特征识别系统安全性的新方法。人工神经网络通常定义为由大量称为人工神经元或节点的简单元素组成,它们通过链接进行联系(Aihara,Takabe,& Toyoda,1990)。为了解决给定的计算问题,所有的神经元彼此合作,执行并行分布式处理任务。通常,它们非常适合解决优化任务(Abu - Mostafa,1986;Beck & Schlogl,1995)。

在智能计算领域中,神经网络提供了一种不同的范式。神经网络的目的,是模拟人类大脑的结构和决策问题的求解过程,因此它们的结构是高度互联的。然而,这远非神经网络所有的好处。与人类的大脑一样,神经网络是使连接随时间动态变化的有效工具,可以给存储于其中的不同的数据元素设置不同的权重。神经网络能够存储各种类型的数据,因此在样本可能来自不同来源的应用中,神经网络具有高度的通用性。而且,神经网络的性质使其成为一种完美的学习器,在高度复杂和频繁出现高维数据的场合中,可以识别更显著的特征和更主要的模式。

这些优点使神经网络成为传统学习器的一种非常有前途的替代方法,特别是在多模态生物特征识别系统的背景下。因此,本章将重点介绍生物特征识别应用中的用于联想记忆任务的混沌神经网络。正如最近的文献所报道的那样,与传统的生物特征识别系统相比,在时间复杂度和准确度方面,这类神经网络被证明是非常有效的工具(Ahmadian & Gavrilova,2009,2012a,2012b)。

9.3 神经网络方法

9.3.1 神经网络的历史

人工神经网络是一种通过相互关联的处理单元进行问题处理的计算模型。通过 Hopfield 和 Choi 的研究工作(Hopfield,1990;Choi & Hubernam,1983),人工神经网络得到了推广。从那时起,对这种范式在线性与非线性、静态与动态系统中的研究与应用不断丰富(Wang & Shi,2006;Yamada,Aihara,& Kotani,1993;Yao,Freeman,Burke,& Yang,1991)。与其他传统方法完全不同,人工神经网络具有能够进行并行计算的天然属性,因此是一种极好的学习器(Eisenberg,Freeman,& Burke,1989;Freeman & Yao,1990;Fukai & Shiino,1990)。

人工神经网络的理念可以与 1943 年 McCulloch 和 Pitts 在《数学生物物理学通报》上发表的关键论文相关联(McCulloch & Pitts,1943)。现在,这篇论文被认为是认知计算科学领域的经典之作。1987 年,Lippmann 描述了如何使用神经网络解决各种应用问题(Lippmann,1987)。

莫斯科国立大学的毕业生、俄国杰出的数学家 Andrei Nikolaevich Kolmogorov 奠定了神经网络效率的数学基础(Kolmogorov,1957)。他的主要贡献,已经被 Spreecher 提供给神经网络社区(Spreecher,1993)。

另一篇影响现代神经网络格局的论文是《为了理解世界,大脑如何产生混沌》(*How Brains Make Chaos in Order to Make Sense of the World*)(Skarda & Freeman,1987)。在这篇论文中,把作为混沌神经网络(Chen & Aihara,1995,1997;Sandler & Yu,1990;Wang & Smith,1998)基础的混沌理论与大脑的神经活动联系在一起。

自从这些研究工作之后,人们发现神经网络对很多应用问题非常有帮助,包括模式分类(Kittler,Hatef,Duin,& Matas,1998;Lam & Suen,1995)、旅行商问题(TSP)(Wang & Shi,2006)、人脸检测(Rowley,Baluja,& Kanade,1998)、大型空间数据库(Ester,Kriegel,Sander,& Xu,1996)、聚类(Aihara,Takabe,& Toyoda,1990)、优化和非线性系统建模(Abu - Mostafa,1986)。

9.3.2 神经网络的计算效率

神经网络具有一些良好的性质,对于必须保持低计算复杂度的复杂问题来说,它们是理想的选择(Lippmann,1987)。典型计算问题解的质量,可以使用基本运算的数量进行估计,即时间复杂度;也可以使用数据和算法所需的存储量进行估计,即空间复杂度;还可以使用指定算法所需的计算资源进行估计,即柯尔莫戈洛夫复杂度。使用神经网络解决应用问题时,目标是优化神经网络的时间、空间和柯尔莫戈洛夫复杂度。

能够通过神经网络解决的问题,包括自然环境中的模式识别问题和具有大规模学习基的人工智能问题。另外,还有一种类型的问题是生物特征识别问题,它具有适合使用神经网络方法的所有属性:大数据集、复杂的优化处理和模式识别。

9.4　神经网络中的混沌

在网上词典里,混沌的定义是"完全无序或混乱",或者"由于对小的状态变化具有高度敏感性,因此行为随机出现,不可预测"。在人工神经网络研究中,密切关注生物模式中的混沌并把它应用于计算领域的第一位科学家是 Freeman(Freeman & Yao,1990;Yao,Freeman,Burke,& Yang,1991)。

研究表明,具有神经元之间兴奋性与抑制性连接的系统,会显示混沌行为(Choi & Huberman,1983)。在神经网络中使用混沌,可以避免陷入局部极小值,这使得神经网络成为性能优越的计算方法。

在文献(Nozawa,1992)中,Nozawa 展示了混沌神经网络的搜索能力。Chen 和 Aihara 提出了混沌模拟退火(CSA)方法(Chen & Aihara,1995)。他们的方法是从神经元中一个大的负的自耦合开始,然后逐渐减小,最后得到稳定的网络。1990年,在文献(Aihara,Takabe,& Toyoda,1990)中,Aihara 等提出了一种使用负的自耦合使混沌行为出现并逐渐消失的混沌神经网络。这个模型以一些生物神经元的混沌行为为基础,而且已经成功地应用于一些优化问题,例如旅行商问题(Yamada,Aihara,& Kotani,1993)和广播调度问题(BSP)(Wang & Shi,2006)。在文献(Chen & Aihara,1997)中,Chen 和 Aihara 进一步研究了混沌模拟退火方法,以一个暂态混沌阶段和一个收敛阶段为基础,使得这种方法能够找到全局最小值。他们的研究结果还证明了吸引子的存在性,以及网络稳定性条件暗示了危机引发的间歇性的动力学现象是最小值问题中混沌转换的关键。

本章创建了一座从混沌网络到最近的生物特征识别方案研究和混沌神经网络最大优势效用的天然桥梁。

9.5　特征空间与降维

使用降维方法,可以把高维空间的数据转换到低维空间。数据转换可能是线性的,例如主成分分析,也可能是非线性的。许多生物特征空间,例如人脸生物特征空间,包括了大量的特征,这会给学习和识别过程带来困难。

主成分分析是一种主要的线性化降维技术,它可以把数据线性映射到低维空间,并以这种方式最大化低维空间中数据的区别。然而,根据模糊子空间问题,对于生物特征识别应用来说,产生的维度可能并不总是有效的。本节将综述降维和选择适当的特征子空间的方法。经过广泛的调查与研究后发现,子空间聚类是实现降维的有效方法。

用于高维生物特征数据的聚类算法的普遍问题的基本解决方案,是测试所有可能方向的聚类子空间。显然,对于测试有无穷多个任意方向的子空间来说,这种简单的解决方案在计算上是不可行的。相反,为了征服这种无限的搜索空间,需要一些试探法和假设。轴线平行子空间法是一种可以减少所有可能的子空间的搜索范围的常见方法(Achtert, Böhm, Kriegel, Kröger, & Zimek, 2007)。文献(Achtert, Böhm, Kriegel, Kröger, & Zimek, 2007)假设只能够在轴线平行子空间里实现聚类,这个假设虽然可能会受到限制,但是搜索空间是由所有可能的轴线平行子空间的数量所约束的。正因为轴线平行子空间法具有这个优点,所以这种方法值得一试。该文献还提供了轴线平行子空间的数量的估计值,即在 d 维数据集里, k 维子空间的数量为

$$\binom{d}{k}, 1 \leq k \leq d \tag{9.1}$$

并且,所有子空间的数量是(Achtert, Böhm, Kriegel, Kröger, & Zimek, 2007)

$$\sum_{k=1}^{d} \binom{d}{k} = 2^d - 1 \tag{9.2}$$

文献(Achtert, Böhm, Kriegel, Kröger, & Zimek, 2007)归纳了 4 类聚类算法,分别如下:

(1)投影聚类算法:寻找一种唯一的映射,把每一个点精确地映射到子空间的某一类,并且找到给定点集的最好聚类的投影。

(2)软投影聚类算法:假设预先已知聚类的数量 k ,可以定义能够获得一组最优 k 聚类的目标函数。

(3)子空间聚类算法:首先定位全部的子空间,然后在这些子空间中局部化搜索相关维度,确定聚类,并寻找存在于多个可能重叠的子空间中的聚类。

(4)混合算法:试图找到一些(并非全部)包括感兴趣的子空间的聚类,而不是所有的子空间的聚类。

本章重点讨论第 3 类方法(子空间聚类算法),这类方法为寻找所有子空间聚类提供了先进的工具。它们对重叠的子空间和聚类非常有效,对于实际的生物特征数据分析来说,这是一个非常重要的事实。

9.6 多模态生物特征识别中的神经网络

为了验证神经网络和降维方法,需要描述多生物特征结构的整体模型。多生物

特征识别系统使用多个传感器进行数据采集。可以采集单一生物特征的多个样本（称为多样本生物特征），也可以采集多个生物特征的样本（称为多源或多模态生物特征）。当然，也可以使用系统来注册和认证不拥有特定的生物特征标识的用户。

9.6.1　降维需要

生物特征识别领域面临的主要问题之一，是生物特征识别系统的可靠性和性能。因此，第一个目标是寻找生物特征分布的主要成分，或者生物特征图像集的协方差矩阵的本征向量。这些本征向量，可以被认为是共同表征生物特征样本之间差异的一组特征。选择指纹和人脸图像作为主要的生物特征样本，这是因为它们提供了显著的质量可变性和大量的多维向量。

然后，使用子空间分析和基于广义球面坐标描述的降维方法。训练集里的每一幅人脸图像，可以使用本征脸的线性组合来表示。本征脸的合理数量，等于训练集里图像的数量。然而，生物特征图像也可以仅使用具有最大本征值的最佳本征脸来近似，因此可以使人脸图像集内的方差最大化。使用较少的本征脸的主要原因是能提高计算效率。这种方法不但可以促使空间表示紧凑化，而且是后续的聚类与共同模式学习的一种便利工具。

接下来，讨论神经网络方法，它是生物特征识别系统学习预先提取的子空间模式的一种快速且可靠的方法。神经网络方法是以独创的混沌噪声注入策略为基础的，而混沌噪声注入策略是训练神经网络的主要策略（Ahmadian & Gavrilova，2009）。文献（Ahmadian & Gavrilova，2012a，2012b）指出，它的优势是学习能力和随后的以无人监督的方式识别新的生物特征样本的能力，而且使用所提出的神经网络结构容易实现。

9.6.2　系统总体架构

图 9.3 显示了传统的多生物特征安全系统的架构。

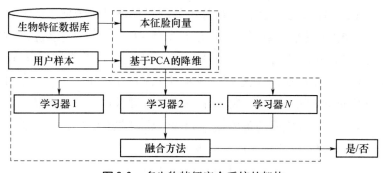

图 9.3　多生物特征安全系统的架构

图 9.4 显示了一种能够用于提高使用神经网络的生物特征识别系统性能的新

的系统架构。

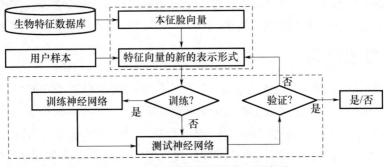

图9.4　生物特征识别系统的系统架构

多生物特征识别的系统实现方法,通常包括下列初始化操作:

(1)从用户获得一组训练图像。

(2)根据训练集计算本征脸,保留具有最高本征值的最好的 M 幅图像。生物特征数据库包括 N 幅图像。

(3)通过把训练图像投影到生物特征数据库上,计算每一幅训练图像在 N 维权重空间中的分布。

初始化系统之后,按照以下步骤识别新的生物特征图像:

(1)获得待识别的图像。

(2)通过把一幅新图像投影到每一幅本征脸图像上,计算 N 幅本征脸的一组权重。

(3)在向量空间中,计算新图像到生物特征数据库中存储的其他图像之间的距离。

(4)对新图像进行分类,分为已知的人或未知的人。

(5)更新生物特征数据库中的本征脸。

在这个标准流程中,关键是选择表征图像的特征向量,以及计算数据库中表示两个特征向量之间接近度的距离。虽然本征向量可能是传统使用的特征之一,但是在多模态系统中,其他参数,例如皮肤颜色、纹理、个性特征(眼镜、胡须)、几何特征(两眼之间的距离、鼻子的长度等)和身材,这些都可以添加到方程里。根据特征的可靠程度和差异性,可以给每一种特征分配一个权重。当然,也可以从其他角度计算特征向量之间的距离。每一个特征值均可以转换成二进制表示:即赋值 0 或 1。例如,如果两眼之间的距离低于 15cm,那么赋值为 0,否则赋值为 1。使用这种表示方法,组合后的特征向量可能表示为

$$V1(0,1,0,0,0,1,0,\cdots,1)$$

第 2 个特征向量可能是

$$V2(0,1,1,1,0,1,1,\cdots,1)$$

通过简单地计算相同比特(在相应的位置)的数量,可以快速完成特征向量之间的比较。可以很容易地在硬件中实现这种比较。

如果不使用二进制表示,那么通过计算两个对应分量之间的绝对值,也可以得到两个高维向量之间的距离。需要注意的是,这些值并非一定是数值形式的。例如,为了方便起见,眼睛的颜色可以存储为蓝色、绿色或褐色。

在计算两个值之间差异的时候,可以使用欧几里得范数,或者使用一些其他类型的距离度量,如闵可夫斯基距离、测地线距离和马哈拉诺比斯距离等。选择使用哪一种距离度量,通常需要考虑应用领域、内存需求、期望的计算复杂度和易于并行化等因素。

最后要说明的是,可以在高维空间里表示向量,也可以实现空间变换。就虹膜图像而言,可能是极坐标变换;或者就聚类来说,可以通过前面描述的方法之一,确定图像在子空间上的投影(见 9.5 节)。

9.7　子空间分析与联想记忆

多模态系统的输入数据是图像集,通过子空间分析,可以减少相应的数据维数(Ahmadian & Gavrilova,2012)。子空间分析方法是以广义球面坐标描述为基础的(Achtert,Böhm,Kriegel,Kröger,& Zimek,2007)。广义球面坐标把 $d-1$ 个独立的角度 $\alpha_1,\cdots,\alpha_{d-1}$ 和 d 维向量 $x=(x_1,\cdots,x_d)^{\mathrm{T}}$ 的 r 范数组合起来,根据给定的基 $e_1,\cdots,e_d$ 描述向量 x,这里的 x 向量是从本征脸得到的权重向量(Achtert,Böhm,David,Kröger,& Zimek,2008)。

一旦获得来自候选聚类的权重向量,下一步就是给学习数据模式的联想记忆定义一个能量模型。这样处理的好处在于,这是一种能够把给定的向量组收敛到存储模式的学习器系统。

为了处理非自治方法的共同缺陷,即盲噪声注入策略,开发了按需混沌噪声注入法(Ahmadian & Gavrilova,2009)。噪声函数是暂态函数,独立于相邻的神经元,因此会产生一些问题。在这种方法中,不管神经元先前行为如何,都把混沌噪声或随机噪声注入网络。

把盲噪声注入基于混沌神经网络的模型中,可能会降低存储大量生物特征数据的能力。为了解决这个问题,可以使用一类新的非自治的混沌网络(Ahmadian & Gavrilova,2012)。在这种网络中,关键理念是混沌噪声注入是以相邻神经元的行为为基础的。对于神经元状态变化影响神经元有限的逻辑距离这类优化问题,这种方法特别有用。文献(Ahmadian & Gavrilova,2012b)除了阐述在单模态和多模态生物特征识别领域使用这种方法的可行性之外,还用真实人脸和人工实体的例子说明了如何把神经网络作为一个功能强大的学习器。

9.8 神经网络在指纹匹配中的性能分析

在本节中,对于指纹匹配问题,成功地测试了所提出的方法。细节提取方法包括方向场估计、脊线检测和细节检测,可以把这种细节提取方法与新方法的几何方面以及用于辨识过程的 Hopfield 神经网络(HNN)结合使用。

以生物特征识别技术实验室开发的原创的 Delaunay 三角剖分(DT)方法(Wang, Luo, Gavrilova, & Rokne, 2007; Yanushkevich, Wang, Gavrilova, & Srihari, 2007)为基础,可以进行指纹匹配。这种方法依靠 Delaunay 三角形的结构,使用局部和全局标准匹配细节,同时还使用了非线性刚性函数模拟指纹变形。

本节提出了一种指纹匹配的新理念,是以 Hopfield 神经网络为基础,基于先前存储的模式来检索指纹。但是,需要考虑几个问题。第一个问题是 Hopfield 神经网络对细节集的错位和输入噪声非常敏感,因此如果使用 Delaunay 三角剖分作为引入网络的模式,那么可能会导致很高的错误率。第二个问题,是一个更重要的障碍,引入网络的数据存在冗余,会迫使网络学习细节集的全部 DT 映射。为了克服这些难题,可以使用 DT 的对偶作为 Hopfield 神经网络的输入模式。

通过使用对偶性,这种方法可以获得两个最重要的改进。第一个改进,是在离散空间里使用输入数据。这个改进是为了对获得的 DT 使用对偶方法,然后对得到的结果点的位置进行区分。这个采样阶段会产生一个更加鲁棒的网络,可以抵抗较大的偏移和输入误差率对系统的影响。第二个改进,是减少了网络的输入数据。特别的是,该方法没有引入一个点集作为网络的离散映射,而仅让 Hopfield 神经网络学习直线方程,以便于进一步检索。

Hopfield 神经网络可以保证收敛到局部极小值,但是不能保证收敛到存储模式。Hopfield 神经网络的单元或者取值为 1 或 -1,或者取值为 1 或 0。因此,第 i 个单元的激活神经元有两种可能的定义,即(Hopfield,1990)

$$a_i \leftarrow \begin{cases} 1 & \text{当} \sum_j w_{ij}s_j > \theta_i \text{ 时} \\ -1 & \text{其他} \end{cases} \tag{9.3}$$

$$a_i \leftarrow \begin{cases} 1 & \text{当} \sum_j w_{ij}s_j > \theta_i \text{ 时} \\ 0 & \text{其他} \end{cases}$$

式中:w_{ij} 为从单元 j 到单元 i 的连接权重的强度(也称为连接权重);s_j 为单元 j 的状态;θ_i 为单元 i 的阈值。

Hopfield 神经网络中的连接的约束为(Hopfield,1990)

$$w_{ij} = 0, \quad \forall i,j \text{ (没有单元与自身连接)} \tag{9.4}$$

$$w_{ij} = w_{ji}, \quad \forall i,j \text{（连接是对称的）} \tag{9.5}$$

Hopfield 神经网络拥有与网络的每个状态相关联的能量值 E（Hopfield，1990），即

$$E = -\frac{1}{2} \sum_{i<j} w_{ij}s_is_j + \sum_i \theta_is_i \tag{9.6}$$

根据式（9.6），网络将收敛到能量函数的局部极小值的状态。训练 Hopfield 神经网络，目的是减少应该记住的状态的能量。它也被称为联想记忆，这是因为该过程类似于基于相似性的记忆。而且，可以很容易地修改这类网络，便于学习视觉模式。每一个神经元表示图像中的一个像素，并且以输入图像为基础，训练所有的神经元。最后，把新模式引入程序，它将收敛到记忆中最接近的模式。

这种方法的总体目标，是使用细节点的 Delaunay 三角剖分训练网络。因为 Delaunay 三角剖分的可视化数据是没有意义的，所以考虑对偶概念，把 Delaunay 三角剖分的直线表示改为点表示，如图 9.5 所示。

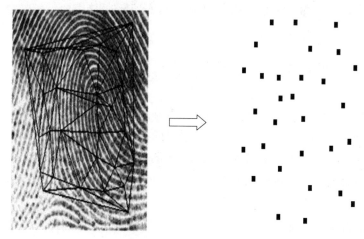

图 9.5 对 DT 进行对偶变换，右边的形状用于训练 Hopfield 神经网络

下面给出了一个简单的对偶变换。

假设 $p \leftarrow (p_x, p_y)$ 是平面上的一个点。直线 p^* 表示点 p 的对偶，定义为

$$p^* \leftarrow (y = p_x x - p_y) \tag{9.7}$$

需要注意的是，Delaunay 三角剖分处理的是线段，而非直线。由于输入模式含有大量的彩色像素，过于复杂，难以呈现，因此输入模式不能被引入 Hopfield 神经网络。为了简单起见，假设在相应的 Delaunay 三角剖分中的每一条线段都是直线，这样产生的对偶将是单一的点。为了处理垂直的直线（相应的对偶点位于非常远的位置），所提方法已经做了一些修改，并且对数据做了归一化处理，如图 9.6 所示。

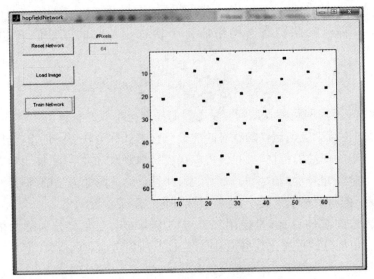

图 9.6　基于 Hopfield 神经网络的匹配过程的界面

9.9　基于细胞神经网络的细节匹配法

为了展现指纹识别中混沌神经网络在准确度和规避(抗错)方面的优势,下面给出了实验结果。测试数据库中既有高质量的指纹图像,又有低质量的指纹图像,因此如果以高准确度级别对样本进行确认,那么系统就具有精确性和规避能力。首要任务是基于 9.8 节介绍的算法,获得细节集。然后,生成输入图像的二值化图像。由于需要以单像素宽度的脊线为基础执行搜索任务,因此在接下来的过程中,将对图像进行细化处理。

计算细节集之后,对这个集合执行 Delaunay 三角剖分算法,找到 Delaunay 三角剖分的对偶,并把它作为神经网络的输入。然后,使用已训练的网络寻找与提供的模式最接近的存储模式。在博洛尼亚大学生物特征识别系统的数据库上进行了实验,这个数据库包括 21 ×8 幅指纹图像,每幅图像的大小为 256 ×256 像素。

把神经网络的大小设置为 64 × 64,可以使用采样方法减小网络的大小,而 Hopfield 神经网络是最小化能量函数,是以引入存储模式的空间距离为基础的。

与 Delaunay 三角剖分匹配法、结合脊线几何的 Delaunay 三角剖分匹配法和标准细节法等传统方法(Wang,Luo,Gavrilova,& Rokne,2007)比较,可以证明本章所提方法性能优越。使用提供的样本做实验,与前文提到的几种方法相比,所提方法的错误拒绝率小得多(这意味着更好),错误拒绝率从大约 5% 降到 0.047%,这说明一个基于刚性 Delaunay 三角剖分的最好的新算法的性能得到了提升。错误接受率仍然很低,为1%。实验表明,利用神经网络可以显著改善错误拒绝率,而且能够保持很低的错误接受率。

9.10 本章小结

本章介绍了神经网络作为一种生物特征安全系统的智能学习工具的概念。

本章首先回顾了神经网络的历史,以及这种方法在多种计算和优化问题中的最常见的应用。然后,介绍了神经网络中混沌的基本概念,并且指出了开发按需混沌噪声注入法来处理非自治方法的常见缺点——盲噪声注入策略。

本章的第二部分,提出了在复杂生物特征安全系统背景下的高维问题。数据的数量及其复杂性是无法回避的问题,可以把降维技术作为解决这个问题的一种方法。降维技术通常是以聚类或空间变换为基础的。

接下来,在能量模型中,把降维的向量用于学习数据模式的联想记忆。这样处理的好处在于,这是一种能够把给定的向量组收敛到网络存储模式的学习器系统,可以用于后续的生物特征识别,也可以用于识别最显著的生物特征模式。

在本章的结尾部分,介绍了一些在生物特征识别(包括单模态和多模态生物特征识别)领域使用这种方法(除了可行性之外)的例子。值得注意的是,神经网络作为功能强大的学习器,还可以扩展应用于人工实体。

参 考 文 献

Abu – Mostafa Y S. (1986). Neural networks for computing? In Denker J S (Ed.), Neural Networks for Computing, 151, 1 – 6.

Achtert E, Böhm C, David J, Kröger O, Zimek A. (2008). Robust clustering in arbitrarily oriented subspaces. In Proceedings of 8th SIAM International Conference on Data Mining, (pp. 763 – 774). SIAM.

Achtert E, Böhm C, Kriegel H P, Kröger P, Zimek A. (2007). On exploring complex relationships of correlation clusters. In Proceedings of the 19th International Conference on Scientific and Statistical Database Management, (pp. 7 – 21). IEEE.

Ahmadian K, Gavrilova M. (2012b). A multi – modal approach for high – dimensional feature recognition. The Visual Computer. doi:10. 1007/s00371 – 012 – 0741 – 9.

Ahmadian K, Gavrilova M. (2009). On – demand chaotic neural network for broadcast scheduling problem. [ICCSA]. Proceedings of the ICCSA, 2, 664 – 676.

Aihara K, Takabe T, Toyoda M. (1990). Chaotic neural networks. Physics Letters. [Part A], 144(6 – 7), 333 – 340. doi:10. 1016/0375 – 9601(90)90136 – C.

Beck C, Schlogl F. (1995). Thermodynamics of chaotic systems. Cambridge, UK:Cambridge University Press.

Chakrabarti K, Keogh E J, Mehrotra S, Pazzani M J. (2002). Locally adaptive dimensionality reduction for indexing large time series databases. ACM Transactions on Database Systems,27(2),188 – 228. doi:10. 1145/568518. 568520.

Charu C Aggarwal,Philip S Y. (2008). A framework for clustering uncertain data stream. In Proceedings of the 24th International Conference on Data Engineering,(pp. 150 – 159). IEEE.

Chen L, Aihara K. (1995). Chaotic simulated annealing by a neural network model with transient chaos. Neural Networks,8(6),915 – 930. doi:10. 1016/0893 – 6080(95)00033 – V.

Chen L, Aihara K. (1997). Chaos and asymptotical stability in discrete time neural networks. Physica D – Nonlinear Phenomena,104,286 – 325. doi:10. 1016/S0167 – 2789(96)00302 – 8.

Choi M Y, Huberman B A. (1983). Dynamic behavior of nonlinear networks. Physical Review A, 28, 1204 – 1206. doi:10. 1103/PhysRevA. 28. 1204.

Bevilacqua V,Cariello L,Columbo D,Daleno D,Fabiano M D,Giannini M,Mastronardi G,Castellano M. (2008). Retinal fundus biometric analysis for personal identifications. In Proceedings of ICIC, (pp. 1229 – 1237). Springer.

Eisenberg J,Freeman W J,Burke B. (1989). Hardware architecture of a neural network model simulating pattern recognition by the olfactory bulb. Neural Networks,2,315 – 325. doi:10. 1016/0893 – 6080(89)90040 – 3.

Ester M,Kriegel H P,Sander J,Xu X. (1996). A density – based algorithm for discovering clusters in large spatial databases with noise. In Proceedings of 2nd International Conference on Knowledge Discovery, (pp. 226 – 231). IEEE.

Freeman W J, Yao Y. (1990). Model of biological pattern recognition with spatially chaotic dynamics. Neural Networks,3,153 – 170. doi:10. 1016/0893 – 6080(90)90086 – Z.

Fukai T,Shiino M. (1990). Asymmetric neural networks incorporating the dale hypothesis and noise – driven chaos. Physical Review Letters,64,1465 – 1468. doi:10. 1103/PhysRevLett. 64. 1465 PMID:10041402.

Gavrilova M L,Ahmadian K, (2012a). Dealing with biometric multi – dimensionality through chaotic neural network methodology. International Journal of Information Technology and Management,11(1/2),18 – 34. doi:10. 1504/IJITM. 2012. 044061.

Han J,Kamber M. (2001). Data mining concepts and techniques. San Francisco,CA:Kaufmann.

Ho T K,Hull J J,Srihari S N. (1994). Decision combination in multiple classifier systems. IEEE Transactions on Pattern Analysis and Machine Intelligence,16(1),66 – 75. doi:10. 1109/34. 273716.

Hopfield J J. (1990). The effectiveness of analogue 'neural network' hardware. Network (Bristol,England),1(1), 27 – 40. doi:10. 1088/0954 – 898X/1/1/003.

Jain A K,Ross A,Pankanti S. (1999). A prototype hand geometry – based verification system. In Proceedings of International Conference on Audio – and Video – based Biometric Person Authentication,(pp. 166 – 171). IEEE.

Jain A K,Ross A,Prabhakar A. (2004). An introduction to biometric recognition. IEEE Transactions on Circuits and Systems for Video Technology,14(1),4 – 20. doi:10. 1109/TCSVT. 2003. 818349.

Johnson R G. (1991). Can iris patterns be used to identify people? Los Alamos,CA:Chemical and Laser Sciences Division Los Alamos National Laboratory.

Kittler J,Hatef M,Duin R P,Matas J G. (1998). On combining classifiers. IEEE Transactions on Pattern Analysis and Machine Intelligence,20(3),226 – 239. doi:10. 1109/34. 667881.

Kolmogorov A N. (1957). On the representation of continuous functions of several variables by superposition of continuous functions of one variable and addition. Doklady Akademii:Nauk USSR,114,679 – 681.

Lam L,Suen C Y. (1995). Optimal combination of pattern classifiers. Pattern Recognition Letters,16,945 – 954. doi:10. 1016/0167 – 8655(95)00050 – Q.

Lam L,Suen C Y. (1997). Application of majority voting to pattern recognition: an analysis of its behavior and performance. IEEE Transactions on Systems,Man,and Cybernetics – Part A:Systems and Humans,27(5),553 – 568. doi:10. 1109/3468. 618255.

Lee M W,Ranganath S. (2003). Pose – invariant face recognition using a 3D deformable model. Pattern Recognition, 36(8),1835 – 1846. doi:10. 1016/S0031 – 3203(03)00008 – 6.

Lippmann R P. (1987). An introduction to computing with neural nets. IEEE ASSP Magazine,4(2),4 – 22. doi: 10. 1109/MASSP. 1987. 1165576.

McCulloch J L,Pitts W. (1943). A logical calculus of ideas immanent in nervous activity. The Bulletin of Mathematical Biophysics,5,115 – 133. doi:10. 1007/BF02478259.

Moon Y S,Yeung H W,Chan K C,Chan S O. (2004). Template synthesis and image mosaicking for fingerprint registration: an experimental study. In Proceedings of International Conference on Acoustic Speech and Signal Processing,(vol. 5,pp. 409 – 412). Montreal,Canada:IEEE.

Nozawa H. (1992). A neural network model as a globally coupled map and applications based on chaos. Chaos,2 (3),377 – 386. doi:10. 1063/1. 165880 PMID:12779987.

Rowley H A,Baluja S,Kanade T. (1998). Neural network – based face detection. IEEE Transactions on Pattern Analysis and Machine Intelligence,20(1),23 – 38. doi:10. 1109/34. 655647.

Sandler Y M. (1990). Model of neural networks with selective memorization and chaotic behavior. Physics Letters A, 144(8 – 9),462 – 466. doi:10. 1016/0375 – 9601(90)90515 – P.

Skarda C A,Freeman W J. (1987). How brains make chaos in order to make sense of the world. The Behavioral and Brain Sciences,10,161 – 195. doi:10. 1017/S0140525X00047336.

Spreecher D A M. (1993). A universal mapping for Kolmogorov's superposition theorem. Neural Networks,6(8), 1089 – 1094. doi:10. 1016/S0893 – 6080(09)80020 – 8.

Verlinde P,Cholet G. (1999). Comparing decision fusion paradigms using k – NN based classifiers,decision trees and logistic regression in a multi – modal identity verification application. In Proceedings of Second International Conference on Audio – and Video – Based Biometric Person Authentication (AVBPA),(pp. 188 – 193). AVBPA.

Wang C,Luo Y,Gavrilova M L,Rokne J. (2007). Fingerprint recognition using a hierarchical approach. In Nedjah N, Abraham A,de Macedo Mourelle L. (Eds.),Computational Intelligence in Information Assurance and Security, (pp. 175 – 199). Berlin,Germany:Springer. doi:10. 1007/978 – 3 – 540 – 71078 – 3_7.

Wang L,Shi H. (2006). A gradual noisy chaotic neural network for solving the broadcast scheduling problem in packet radio networks. IEEE Transactions on Neural Networks, 17 (4), 989 – 1001. doi: 10. 1109/TNN. 2006. 875976 PMID:16856661.

Wang L,Smith K. (1998). On chaotic simulated annealing. IEEE Transactions on Neural Networks,9,716 – 718. doi: 10. 1109/72. 701185 PMID:18252495.

Yamada T,Aihara K,Kotani M. (1993). Chaotic neural networks and the travelling salesman problem. In Proceedings of International Joint Conference on Neural Networks,(pp. 1549 – 1552). IEEE.

Yanushkevich S N,Wang P S P,Gavrilova M L,Srihari S N. (2007). Image pattern recognition:synthesis and analysis in biometrics. New York,NY:World Scientific Publishing Company.

Yao Y,Freeman W J,Burke B,Yang Q. (1991). Pattern recognition by a distributed neural network: an industrial application. Neural Networks,4,103 – 121. doi:10. 1016/0893 – 6080(91)90036 – 5.

第 10 章

多模态生物特征识别的新应用

为了提高系统的安全性,本章将介绍在多模态生物特征识别中使用社交网络和情景信息的独创性的构想。本章将给出最近的一项调查研究的结果,表明这个构想是在多生物特征识别研究中迈出的新的一步。因为这种方法不会降低系统的性能,而且计算开销小,所以可以在任何生物特征识别框架下使用。但是,由于对系统性能改善的量取决于人们行为模式的独特性和可预测性,因此这种方法最适用于具有一些预定义的行为习惯且可预测的环境。根据每一个环境,对系统进行微调,以特定环境下的行为模式为基础,寻找最合适的参数,这样可以获得更好的系统性能。步态识别案例验证了这项研究。

10.1 引言

把社交网络用于多模态生物特征识别的理念,直到最近才出现于最先进的多模态生物特征识别研究中。在前面的章节里,提出了使用混沌神经网络更好地进行特征学习,以及利用降维技术简化生物特征模板,减轻计算资源的负担。而且,进一步建议把生物特征数据与人们的"软生物特征"信息结合起来。本节将介绍另外一种理念,即在上述结合中使用社交关系。

现在考虑一下这种理念。如果使用这种理念,那么不仅可以通过护照数据(眼睛颜色、身高、体重、出生日期和国籍等)确定身份,不再局限于指纹或虹膜,而且可以通过与他人的联系来确定身份。对于身份估计的常见问题,"那个人知道什么"、"那个人拥有什么"和"那个人是谁",相当于知识、身份拥有和生物特征识别,现在增加一个新的要素:"那个人与谁熟悉"。用于通信、新闻报道和信息交换的社交网络与网站非常丰富,如脸谱网、聚友网、同学网、商务化人际关系网、推特网和 MSN 在线等,它们以一些常见的共同利益或趋势为基础,在不顾及人们的外貌、地理位置、年龄、宗教信仰和工作等存在差异的情况下,已经为人们相互联系创建了一个非常有利的环境。正是这些趋势,可以帮助确定人们的身份。

首先研究一下社交网络的工作原理。通常,个人用户需要创建含有他们自身的确定的详细信息的配置文件。为了保护用户的隐私,社交网络通常有一些控制选项,允许用户选择谁可以查看他们的个人资料,谁可以与他们联系,谁能够把他们添加到联系人列表等。用户能够把图像上传到他们的配置文件,发布博客条目供他人阅读,搜索有共同爱好的其他用户,共享联系人列表,关注讨论的话题,庆祝生日,赠送虚拟卡片或鲜花等。这些社交关系、朋友、兴趣组、人脉、讨论的话题或事件、最喜欢的电视节目,可以组合起来,用于识别个人身份,识别效果不会比通常的基于密码、标识或生物特征的识别效果差。但是,利用这类信息作为主要线索的障碍是信息量大,具体如下:

(1) 需要从社交网站收集社交数据,过滤后使其适用于后续的辨识过程。

(2) 对于各种各样的社交网络,以及网络中不同类型的数据或联系,需要确定并统一表示。

(3) 为了提供更好的识别结果,需要选择优于其他特征的可靠的社交特征。

(4) 需要研究社交特征,并且需要开发与之相关的标准。

(5) 由于服务器/网络连接、管理员/主机、维护/移植和用户数量等因素,社交网络和网络社区非常不稳定,有可能今天可以使用而明天就无法使用。

(6) 辨识对计算能力要求高。

为了抵消这些负面因素,可以把社交网络的一些特征用作多生物特征识别的理想的辅助特征。

它们分别如下:

(1) 对身份辨识非常有价值的独特的兴趣组。

(2) 对每一个人来说,能够用于识别的独特的亲密朋友网络。

(3) 数据量大。

(4) 数据通常被网络用户共享,可以免费访问。

(5) 可以随时地进行远程收集与处理,不需要任何专门且昂贵的硬件完成收集工作。

另外,这类信息的二次使用,不但有助于安全或身份辨识,而且对其他科学研究(伦理学、消费者调查、心理学、学习、协同环境、虚拟现实和艺术)也有帮助。

10.2　多生物特征识别研究中的步态分析

现在,再介绍一种基于人体步态的生物特征识别,并说明如何使用社交特征增强它的性能。

步态分析是指对步行运动的模式进行分析。步态分析的基础性工作归功于Johansson,他研究发现,仅通过观察附着在运动人体上的几个点光源的运动模式,就能够快速地识别步行运动(Johansson,1973)。在 Johansson 的研究工作的鼓舞下,Cutting 和 Kozlowski 做了一些实验,证明可以使用同样的点光源阵列识别受试者,即使他们碰巧具有相似的身高、胖瘦和体型(Cutting & Kozlowski, 1977)。考虑到步态分析的各种各样的潜在应用,可以认为这些工作为这个领域中的大量研究打开了大门。步态分析在访问控制、监视和活动监控中的应用是众所周知的,同时它也可以用于运动训练,即分析运动员的动作,并给出改进的建议。步态分析技术还可以用于医学诊断,甚至可能开发一些策略,治疗有行走障碍的患者。

与其他生物特征识别一样,步态分析的重点是根据人们的走路姿势识别他们。由于步态识别具有一组独特且有趣的属性,因此它最近吸引了更多的关注。这种特征不引人注目,意味着采集数据时不需要受试者的关注或配合(Wang,2005)。与许多其他生物特征识别技术不同,步态识别不需要专门设计的硬件。对于数据采集来说,一台监控摄像机就足够了。可以公开或隐蔽地进行数据采集,也就是说,可以在受试者知道或不知道的情况下进行数据采集。而且,这种特征是远程可观测的,受试者甚至不需要靠近摄像机(Wang,2005)。另外,模仿别人的走路姿势是相当困难的。而且,也不可能永远掩饰自己的走路姿势(Liu & Zheng,2007)。最后,步态识别技术通常不需要高分辨率的视频(Wang,She,Nahavandi,& Kouzani,2010),并且由于它们通常处理的是二值剪影图像,因此对光照变化不是非常敏感(Cuntoor,Kale,& Chellappa,2003)。

然而,与其他生物特征识别技术一样,步态识别也受到一些限制和挑战。年龄、情绪、疾病、疲劳、药物或饮酒,这些因素都能够影响人们的走路姿势(Liu & Zheng,2007)。外界条件也有可能影响人们的走路姿势,例如鞋子的款式、路面状况等(Bashir,Xiang,& Gong,2009)。总之,与其他生物特征识别技术相比,使用步态进行个体辨识的主要缺点,是每名受试者的步态具有很大的可变性。

因此,主要理念是通过使用与人们社会生活和社交关系有关的附加元数据,改进像步态识别这样的不完善的生物特征识别技术。

10.3 文献综述

生物特征识别研究促进了步态识别的发展。可以远程观测待识别对象的步态,并且步态具有许多独特的性质,难以模仿与掩饰。在最近的几十年里,尽管人们对步态识别做了大量研究,但是当前大多数步态识别系统仍然在非常受限的条件下工作,它们在现实场景中的性能不理想。

在生物特征识别中,为了应付不断变化的环境条件,常用的方法是改进原有的算法,即提高算法对于待识别对象的外貌变化、光照条件和噪声等的鲁棒性。但是,这种方法会导致算法非常复杂。一种可供选择的方法是使用常用的步态识别算法,并把它与人们的社交信息结合起来。为此,卡尔加里大学生物特征识别技术实验室的学生们最近以步态能量图像(GEI)为基础,实现了一个步态识别系统(Bazazian & Gavrilova,2012)。为了提高步态识别的准确度,诸如位置(室内和室外)、携带情况(手提箱、咖啡、背包等)和一天的时间段(上午、下午、黄昏和夜晚)之类的视频背景信息,已经被用于作为补充的元数据。而且,研究了各种社交情景建模方法和每个个体的行为趋势。把步态识别系统的输出与视频背景信息结合起来,进行最终的决策。系统的性能评价表明,使用人们社会生活的行为模式,总能提高步态识别系统的准确度。性能提高的程度,取决于人们社交模式的差别程度。如果实验人群具有很容易预测且独特的行为模式,那么识别率甚至可以达到100%。

10.4　详细方法

步态识别系统通常包括以下几个部分:
(1) 受试者检测与剪影提取。
(2) 步态周期检测。
(3) 特征提取。
(4) 特征选择和/或降维。
(5) 识别。
下文将分别描述这些模块。

10.4.1　受试者检测与剪影提取

步态识别的第一步,是在图像中检测受试者,并将其从背景中分离出来。用于此目的的最常用的技术是背景消减。背景消减方法首先需要学习背景模型,该模型表示了每个像素的背景颜色。而且,可以预先获悉背景模型。背景模型可以像通常得到的所有帧的单一的均值图像或中值图像一样简单;或者在更复杂的场景中,背景模型可以包括像高斯分布这样的每个像素的颜色分布。为了使背景模型对光照变化鲁棒,可能会逐帧地动态更新它。一旦建立了背景模型,那么到背景模型的距离大于某个阈值的任何像素,都会被认为是前景像素。然后,可能会使用一些后处理方法去除噪声。后处理方法通常包括腐蚀、膨胀和寻找前景图像的最大连通域。

10.4.2　步态周期检测

步态可以被视为一种信号。为了使步态识别算法对速度变化鲁棒,有必要获取步态周期。通常采用的方法是提取单一的步态周期的特征。因此,在提取特征之前,关键是寻找步态周期的起始帧和结束帧,或者换句话说,按照步态周期分割视频。许多周期检测算法是以计算某些区域内前景像素的数量为基础的。通过检测两个相邻的最小值和最大值,通常有可能求得步态周期(Sarkar,Phillips,Liu,Vega,Grother,& Bowyer,2005)。

10.4.3 特征提取

在检测受试者和按照步态周期分割视频之后,下一步是提取一些有用的特征。在通常情况下,主要有两类特征提取方法:基于模型的方法和无模型的方法。

基于模型的方法使用确定的模型表示人体(Wang,She,Nahavandi,& Kouzani,2010)。这类方法估计每一帧的模型参数。这些参数的值以及它们如何随时间变化,可以用于步态表征。这类方法具有几个优点。首先,基于模型的方法具有视角和尺度不变性(Wang,She,Nahavandi,& Kouzani,2010)。这类方法不直接使用剪影,而是使模型与剪影一致。因此,剪影的尺寸和它在三维模型中的视角方向,不会对识别输出产生太多影响。在某种程度上,它们还可以处理遮挡和自遮挡问题。因为对人体各个部分是分别建模的,所以即使有些部分由于遮挡而不可见,其他部分仍然有机会是可见的。

人体可见部分的参数,能够用于估算其他不可见部分的参数,因此算法不会丢失受试者。最后,由于同样的原因,对于像携带情况这样的外貌变化,基于模型的方法不是非常敏感。由于这类方法对人体形状具有先验知识,因此当受试者携带物品时,这类方法能够检测出来,并把该物品排除在计算之外。但是,基于模型的方法仍然存在许多缺点。首先,由于非刚性的人体结构具有高度灵活性,并且存在自遮挡问题(Yang,Zhou,Zhang,Shu,& Yang,2008),因此算法的搜索空间大,而且模型参数的估算存在很大困难(Wang,Zhang,Pu,Yuan,& Wang,2010)。所以,在通常情况下,这类方法计算量大,非常耗费时间(Wang,She,Nahavandi,& Kouzani,2010)。其次,因为模型参数的估算需要高质量的视频,所以这类方法通常对视频的质量很敏感,易受噪声影响(Wang,She,Nahavandi,& Kouzani,2010)。到目前为止,已经开发了多种这类方法(Mishra & Erza,2010;Yoo & Nixon,2011;Ma,Wang,Nie,& Qiu,2007)。图10.1给出了一个行走过程的例子,并显示了相应的行走棍图(Han & Bhanu,2006)。

10.4.4 无模型的方法

无模型的方法不使用先验的人体模型。相反,这类方法把剪影作为一个整体来考虑,使用紧凑的形式表示步行运动。无模型的方法具有许多优点。首先,这类方法计算量小,并且运算速度快(Wang,She,Nahavandi,& Kouzani,2010)。与基于模型的方法不同,它们不需要估算每一帧的模型参数。与基于模型的方法相比,处理每一帧所需的计算量,通常可以忽略不计。同样,这类方法不需要在巨大的搜索

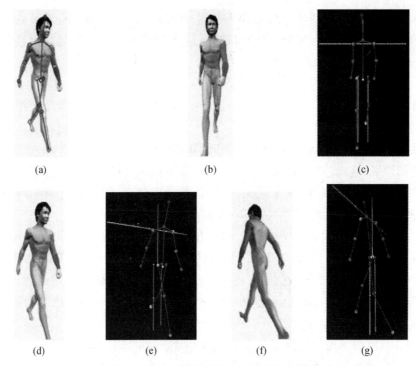

图 10.1　归一化且居中的未二值化的剪影图像和相应的行走棍图（Han & Bhanu,2006）

空间中寻找复杂模型的参数。这类方法通常只需要一些关于剪影形状的基本信息,并且对噪声和视频的质量不敏感(Wang,She,Nahavandi,& Kouzani,2010)。而且,因为这类方法通常只处理剪影,所以不需要其他信息,例如颜色、纹理和灰度值等。因此,如果使用红外图像,那么这类方法就可以在夜间用于步态识别(Liu & Zheng,2007)。

　　但是,无模型的方法也存在几个缺点。由于这类方法没有使用任何与人体有关的先验知识,并且它们只处理剪影形状,因此它们通常对能够改变受试者的外貌及其剪影的因素更加敏感。这些因素包括宽松的衣服、戴着帽子和携带物品等(Ma,Wang,Nie,& Qiu,2007)。因为完全相同的原因,所以这类方法也对视角和尺度变化敏感(Wang,She,Nahavandi,& Kouzani,2010)。

　　通常有两种主要的无模型的方法(Wang,Zhang,Pu,Yuan,& Wang,2010)。

　　1. 时间序列法

　　这种方法从每一帧里提取特征,并把提取特征的序列作为最终的特征向量。换句话说,时间序列法把步态表示为时间序列。由于每一名受试者都有特征序列,因此为了存储这些特征序列,这种方法需要大量的存储空间。而且,这种方法还需要为每一名受试者训练与隐马尔可夫模型(HMM)类似的序列匹配算法。如果输入的时间序列与受试者的走路姿势匹配,那么就可以使用这种算法进行识别。训练这样一个框架,通常需要大量的训练数据,而且耗费时间。此外,为了最终的识别,时间序列法需要进行复杂的序列匹配,而这种序列匹配的计算量很大且非常耗时(Wang,Zhang,Pu,Yuan,& Wang,2010)。

2. 单一模板法

与时间序列法类似,这种方法也是从每一帧里提取特征,但是最后会把所有的特征组合起来,形成一个模板。换句话说,单一模板法使用单一的模板表示步态周期。通过这样处理,可以节省存储空间和计算时间(Han & Bhanu,2006)。因此,这种方法创建了一种非常紧凑的表示形式(Liu & Zheng,2007)。单一模板法生成的模板,应该满足以下属性:采集结构信息、采集动态信息、提供紧凑表示的少量特征、对速度变化具有鲁棒性(Boulgouris & Chi,2007)。

单一模板法对剪影的噪声、孔洞、阴影和部分缺失不是非常敏感(Liu & Zheng,2007;Bashir,Xiang,& Gong,2009),但是它们对外貌变化很敏感(Bashir,Xiang,& Gong,2009)。在获悉了无模型的方法和基于模型的方法的优点与缺点后,可以发现无模型的方法具有计算量小、运算速度快且易于理解的特点,这使得无模型的方法更为常用,事实上,大多数步态识别算法属于此类。文献(Sharma,Tiwari,Shukla,& Singh,2011)简单地使用整个剪影序列作为特征向量,因为保存了每个人的完整的剪影序列,所以需要大量的存储空间。

文献(Han & Bhanu,2006)介绍了步态能量图像的概念。步态能量图像是在一个步态周期中的全部剪影图像的均值图像。图10.2给出了这种方法的一个例子。为了避免过度拟合,以及使该方法对包括阴影、身体部分缺失和尺度变化等在内的小畸变更加鲁棒,研究者们通过向每个个体的真实步态能量图像的下方加入畸变,生成一些合成的步态能量图像(Han & Bhanu,2006)。步态能量图像是一种有效且紧凑的步态表示,借助平均运算,它也能够减少噪声(Yang,Zhou,Zhang,Shu,& Yang,2008),但是它没有任何关于运动的时间信息。为了弥补这个缺失,文献(Liu & Zheng,2007)拓展了步态能量图像的概念,提出了步态历史图像(GHI)的概念。步态历史图像以运动历史图像(MHI)(Bobick & Davis,2001)为基础。通过计算相邻两帧图像的差值图像,可以得到运动图像,然后把所有的运动图像进行加权组合,就可以得到运动历史图像。每一幅运动图像的权重,取决于它在步态周期中的位置。因此,在生成的运动历史图像中,新近移动的部分显得更亮一些。如图10.2所示,这些运动历史图像只表示了人体移动的部分,但是在步态分析问题中,人体的静态部分及其形状也可以用于识别。因此,通过计算一个步态周期中全部剪影的交集,可以找到人体的静态部分,然后把它们添加到运动历史图像,就可以得到步态历史图像。图10.3显示了这些不同的时间模板之间的差异。通过寻找所有运动图像的交集,可以得到运动能量图像(MEI)。运动能量图像能够表示在步行运动中,哪些像素位置出现了人体移动(Bobick & Davis,2001)。

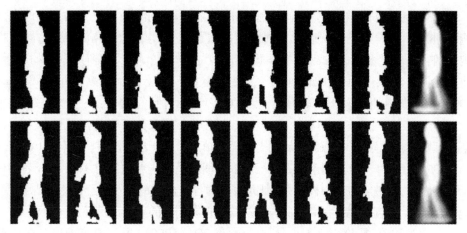

图 10.2　从左到右:运动能量图像、运动历史图像、步态能量图像和
步态历史图像(Liu & Zheng,2007)

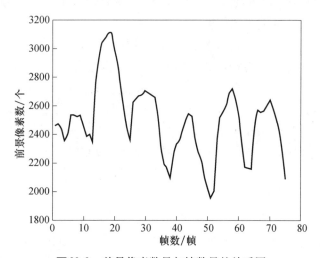

图 10.3　前景像素数量与帧数量的关系图

为了提高步态能量图像的性能,文献(Martín – Félez, Mollineda, & Sánchez, 2011)也进行了尝试,把步态周期分割为 4 个关键的姿态。该方法从每一帧里提取剪影,并把这一帧归入 4 个关键姿态之一。然后,通过计算属于某一个关键姿态的所有帧的平均值,可以得到每一个关键姿态的步态能量图像。使用最近邻分类器,分别对每一幅步态能量图像进行分类,最后通过对各个分类器的决策进行多数投票,完成身份辨识。

为了减少剪影的不完整性和畸变的影响,文献(Chen, Liang, & Zhao, 2009)提出了一种步态识别的新方法。通过简单地把相邻的帧归入同一类,可以对步态周期进行聚类。畸变量决定了类的数量。对于每一个类来说,都是先计算步态能量图像,然后通过移除像素灰度值小于阈值的像素进行降噪,最后得到这个类的主要能量图像(DEI)。接下来,通过相邻两帧的减法运算,求得每一帧的帧差,然后把相应的主要能量图像叠加到帧差图像中正值的部分,就可以得到这一帧的表示。使用波门和结果序列的 Haar 小波系数,作为它们的特征。文献(Liu & Sarkar, 2004)使用背景消减方法提取剪影,然后对齐剪影,并计算它们在一个步态周期中的均值,从而得到最终的模板。这种模板主要用于获取关于身体形状的信息。在某种程度上,还得到了步态的时域动态方面的信息。由于步态能量图像(Han & Bhanu,2006)通用性广,而且用于步态特征提取的图像平均技术很常用,因此研究者们做了一些实验,在最后的平均模板中,研究剪影的各个部分的重要性。实验结果表明,包括腿部动态信息的剪影的下部,与包括身体形状信息的剪影的上部一样重要。

与之类似,文献(Veres, Gordon, Carter, & Nixon,2004)也研究了剪影的各个部分对于步态识别的重要性。在这项实验中,使用了基于步态能量图像的剪影平均方法。实验结果表明,剪影的上部(头和身体)主要包括了步态的静态信息,对于步态识别来说,它是最重要的信息。

使用软生物特征,也可以增强步态能量图像。文献(Moustakas & Starvopoulos, 2010)把软生物特征与步态特征结合起来,通过减少搜索空间来提高识别率。使用的软生物特征,是受试者的身高和步幅。步态能量图像和拉冬变换被用作几何步态特征。使用概率方法,可以把这些特征组合起来。在文献(Boulgouris & Chi, 2007)中,首先计算了每幅剪影图像的不同方向的拉冬变换,然后把求得的拉冬变换组合起来,最终可以得到每一个步态周期的最终模板。

10.4.5 特征选择

在通常情况下,从剪影提取的特征是高维的。使用、比较和存储庞大的特征向量,计算量大且耗时,而且需要大量的存储空间。因此,几乎总是使用降维方法寻找最主要的特征,去除冗余或不重要的特征。用于步态识别的一些典型且常用的降维技术,有主成分分析法及其衍生方法,例如多重判别分析(MDA)法(Sharma, Tiwari,Shukla,& Singh,2011)。

1. 主成分分析

主成分分析是使用数据的相关性,把数据变换到较低维空间的一种投影。这种变换,通常是通过数据协方差矩阵的本征值分析实现的。

2. 多重判别分析

主成分分析是寻找用于表示数据变量的最佳子集,而多重判别分析则是通过最大化类间距离与类内距离的比值,找到分离数据的最优变换。多重判别分析方法以本征值分析为基础,并且已经在步态识别研究中得到了应用。

在一些应用中,为了得到最佳压缩效果,通常会把这些方法组合使用。其他常用的多维数据约简方法,包括聚类和坐标变换。在聚类中,k‒均值聚类是常用方法之一,以拓扑空间表示为基础的基于 Voronoi 图的聚类是一种替代方法(Luo,Gavrilova,& Wang,2008),此外,还有第 9 章介绍的用于生物特征数据降维的子空间聚类。

10.4.6　识别

用于最终识别的方法,通常依赖于特征提取算法。当特征选择方法的输出产生一个时间序列时,通常使用状态空间模型寻找时间序列的相似性。隐马尔可夫模型是用于此目的的常用的模型。但是,如果特征选择阶段的输出是单一的模板,那么可以通过计算模板之间的距离进行识别。最近邻分类器和支持向量机是这个类别中最常用的两种方法(Wang,She,Nahavandi,& Kouzani,2010)。

文献(Sharma,Tiwari,Shukla,& Singh,2011)通过计算剪影序列的欧几里得距离,完成了最终的识别。文献(Han & Bhanu,2006)首先获得受试者的合成的步态能量图像和真实的步态能量图像,然后计算相应的步态能量图像模板的欧几里得距离,并融合结果。文献(Liu & Zheng,2007)也把运动历史图像之间的欧几里得距离用于最终识别。文献(Martín‒Félez,Mollineda,& Sánchez,2011)使用了一组最近邻分类器,通过对各个分类器的决策进行多数投票,完成最终的身份辨识。在文献(Xu & Zhang,2010;Chen,Huang,Guo,& Dong,2010;Ma,Wang,Nie,& Qiu,2007;Lam & Lee,2006;Yoo & Nixon,2011)中,也使用最近邻分类器进行身份辨识。

在文献(Chen,Liang,& Zhao,2009)中,使用波门和 Haar 小波系数作为特征。在文献(Cuntoor,Kale,& Chellappa,2003)中,使用决策融合进行步态识别。决策融合背后的理念,是提取不同的特征,分别进行匹配,然后融合各个匹配器的结果,做出最终决策。在这项研究中,使用了几个特征,分别如下(Cuntoor,Kale,& Chellappa,2003):

(1)用于获取受试者手部和腿部的运动信息的剪影的左、右投影。

(2)用于获取受试者身高变化的前视图序列的宽度向量。

(3)用于获取受试者腿部动态信息的剪影下部的宽度向量。

使用求和、乘积和最小化运算,对求得的相似性的值进行融合,可以做出最终决策。

10.4.7　性能评估

为了评估系统的性能,把数据集分成两个子集,一个用于训练,另一个用于测试。训练集也称为训练图像库,它是用于训练系统的集合。训练集里的步态图像,表示系统已知的受试者的步态样本;测试集则包括一些未知受试者的步态图像,需要系统进行识别。系统的输出,通常是一个与未知受试者最佳匹配的系统已知受试者(或候选人)的排序列表。下面列出了常用于描述系统性能的两种性能度量。

（1）前1辨识率：正确的受试者出现在排序列表首位的次数的百分比。

（2）前5辨识率：正确的受试者出现在排序列表前5位的次数的百分比。

10.5 用于多生物特征识别研究的社交网络

社交网络包括一群个体，以及他们之间的联系。在正式的社交网络图形表示中，个体被称为节点（或顶点），用边表示他们之间的联系。社交网络分析（SNA）的目的，是测量有联系的认知实体（个体、群体和组织）之间的关系（Moreno，1934）。

社交网络分析能够成功地处理多重关系和联系。通过给某些边和连接做标记，或者分配权重，可以获得额外的帮助，有助于给关系的强度或关系的类型（例如朋友或同事）建模。目前，有很多可供使用的社交网络，例如商务化人际关系网（适用于专业人员与同事的网络）、脸谱网（适用于朋友或家庭的网络）、推特网（适用于拥有相似兴趣和追随者的群体的网络）等。

通常，社交网络可以表示为图 $G = \{(v_i, v_j)\}$ ，其中 G 为网络的名称， (v_i, v_j) 为网络中的一对顶点。在通常情况下，使用邻接矩阵表示这样的图。

在社交网络分析中，图论是非常有用的。它有助于关注网络的重要组成部分，理解它们之间的联系，确定重要的节点，分类数据，实现模式，比较不同的网络。因此，可以探究网络路径，包括最大连通路径、所有连通路径和最长/最短路径等。在多生物特征识别研究领域中，生物特征之间的关系与距离，是一个更重要且更实用的研究方向。生物特征识别研究的目标，是确定唯一且能最佳描述给定实例的趋势。在社交网络中，节点之间的关系非常重要，可以计算节点本身的重要性，并把它称为中心（Freeman，1979）。

在文献（Koschutzki，Lehmann，Peeters，Richter，Tenfelde‐Podehl，& Zlotowski，2005）中，确定了一些中心性度量。节点 k 的点度中心性，是一种衡量与节点 k 有联系的节点数量的度量。对于多生物特征识别和社交网络来说，如果节点的点度中心性高，就表示该节点对应的个体高度连接、高度社会化或者非常重要。中心性度量的常见类型分别如下（Koschutzki，Lehmann，Peeters，Richter，Tenfelde‐Podehl，& Zlotowski，2005）：

（1）相对中心性：表示节点的重要性。

（2）中间中心性：表示任何一对节点之间的最短路径将通过给定节点的概率。

（3）接近中心性：表示节点的连通因子还依赖于距离度量的类型。

（4）本征向量中心性：与影响力高的其他节点相连接，会给节点的整体重要性贡献更多。据维基百科报道，谷歌的网页排序是本征向量中心性度量的一种变体。

对生物特征识别研究而言，使用社交网络是有益的。10.6节将介绍把社交情景与步态识别进行融合的好处。

10.6　社交情景与步态识别融合

使用 10.5 节中讨论的方法,可以得到与位置、时间和包括训练与测试数据集的数据库中的视频里所有人的携带情况相关的信息。此处使用的步态识别方法,是以步态周期检测为基础的。为了提取步态周期,在每一帧里计算剪影下半部分(腿部区域)中像素的数量。使用这些值,可以得到前景像素数量与帧数量的关系曲线。

图 10.3 显示了前景像素数量与帧数量的关系曲线。显而易见,曲线的极小值对应两腿合在一起或者一个周期开始的时刻。因此,在不考虑一些无效的极小值的前提下,相邻两个极小值之间的帧,属于同一个周期。利用这个性质,能够找出曲线的有效的局部极小值,从而确定一个周期的开始帧与结束帧。同样,在不考虑一些无效的极小值的前提下,通过计算相邻两个极小值之间距离的平均值,可以得到步态周期。在求解步态周期的过程中,使用基于步态能量图像的无模型的方法进行特征提取,使用主成分分析方法进行特征降维。

在这种方法中,使用了情景数据。对于每一名受试者,可以找出哪些时间、地点和携带情况是可用的,然后使用这种额外信息,改善步态识别系统的性能。正如前面章节所述,步态识别系统的输出,是一个排序前 5 名的候选人的排序列表。对于每一个候选人,他的排序和匹配分数(其特征与使用排序级方法计算得到的受试者的特征的相似性)是已知的。可以使用情景信息,对排序列表中的候选人重新排序。对于每一个候选人来说,如果可以得到提交给系统的未知视频中的时间、地点和受试者的携带情况等信息,就可以使用虚拟情景数据。以情景数据为基础,对于每一个参数来说,如果该参数值可供使用,就给候选人确定一个分数。然后,把这 3 个参数的分数加起来,以便给每一个候选人确定情景分数。在确定匹配分数和情景分数之后,首先把分数归一化到范围[0,1]内,然后简单地把它们加起来,得到每一个候选人的最终分数。接下来,就可以使用最终分数对排序列表中的候选人重新排序。

信息既能从行数据(视频)里提取,也能存储于附属的社交特征数据库里。例如,社交网络中两个相互关联的受试者,在同一位置短时间内在一起的额外的表观信息,可以作为提高识别率的线索。另外,通过权重分配,也可以将社交网络的连通度(例如本征向量中心性或接近中心性)考虑在内。除了使用来自视频或受试者数据库的情景数据之外,还可以建立与网络搜索引擎的直接链接,从而得到受试者的最新的侧影。无论如何,这是未来的一个研究方向。

为了评估系统,把一半的数据集用作训练数据集,另一半数据集用作测试数据集。首先使用训练数据集训练系统,然后使用训练数据集和测试数据集对训练后的系统进行评估。正如 10.4.7 节性能评估部分讨论的那样,可以根据前 1 辨识率和前 5 辨识率,对系统的性能进行描述。在不使用情景数据的情况下,首先计算步态识别系统的前 1 辨识率和前 5 辨识率;然后,再次运行系统,正如前文讨论的那样,把情景数据与步态识别系统的输出结合起来;最后,再次计算前 1 辨识率和前 5 辨识率,并与先前的计算结果进行比较,研究使用情景数据对系统性能的影响。

图 10.4 显示了以受试者的情景数据与步态识别算法相结合为基础,提出的用于步态识别的多生物特征识别系统的总体架构。

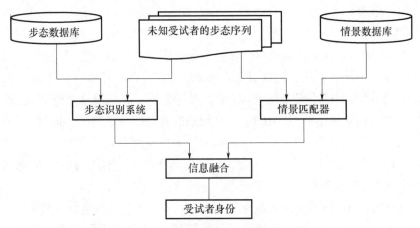

图 10.4　基于情景的步态识别系统的流程图

图 10.5 显示了以步态能量图像的形式提取步态特征的模块,以及与这种操作相对应的信息流程。

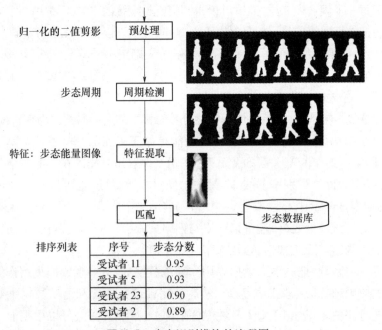

图 10.5　步态识别模块的流程图

10.7 执行细节与结果

研究者们已经使用 MATLAB 语言编程实现了这个系统。用于评估系统的步态数据集,是 CASIA 步态数据库的 A 数据集。这个数据集是步态识别最常用的数据集之一。A 数据集包括 20 名受试者,以及对每一名受试者从 12 个不同视角拍摄得到的不同视频。这个数据集在网上是公开可用的。因为步态能量图像主要处理侧视视频,所以只使用每名受试者的侧视视频。因此,每名受试者只有 4 个视频可供使用。这个数据集的一半用于训练,剩下的用于测试。训练集包括全部 20 名受试者,每名受试者有 2 个视频。言外之意,对系统来说,所有的个体都是已知的。测试集同样也包括 20 名受试者,每名受试者有 2 个视频。使用训练集和测试集,对系统的性能进行评估。

正如 10.4.7 节性能评估讨论的那样,使用前 1 辨识率和前 5 辨识率描述了系统性能的评估结果。

在第一种情况下,直接把步态能量图像用作特征;在第二种情况下,对步态能量图像进行主成分分析,把得到的 20 个主成分分析系数作为特征向量。由表 10.1 可知,使用主成分分析会对系统性能产生不利影响。主要原因可能是只有 20 个类,并且这些类似乎与它们自身非常不同,当维数从 6400 降到 20 的时候,可能会丢失信息。因为这些实验结果能够很好地反映系统性能,所以在其余实验里直接使用步态能量图像作为特征。

表 10.1 增加情景数据的实验结果(随机情景数据库和高斯情景数据库)

不使用情景数据库		随机虚拟情景数据库		高斯情景数据库 (方差=2)		高斯情景数据库 (方差=1)	
前 1	前 5	前 1	前 5	前 1	前 5	前 1	前 5
80%	100%	83%	100%	88%	100%	100%	100%

当受试者没有任何明确的行为模式并且随意行动时,不能够改善识别性能。尽管如此,但是性能不会降低,因此这个系统适用于现实生活中的安全应用领域。如果受试者在工作流程、携带情况、时间进度或与其他受试者的联系中遵循一定的模式,那么可以使用高斯分布对他们的行为模式进行建模,这样能够大幅度地提高识别准确度。表 10.1 给出了使用两种具有不同方差的高斯分布的情景数据库得到的实验结果。对于方差为 1 的情况,识别率甚至可以达到100%。这些实验结果表明,识别率的提高程度,取决于受试者行为模式的差异性。

值得一提的是,把这种方法引入现有的步态识别系统,所需的计算量非常小。实际上,只需考虑 5 名受试者的情景数据,并在其基础上添加一些分数即可。因此,这种方法可以在固定时间内完成。而且,如果使用侧影给行为模式建模,甚至创建情景数据库,那么耗费的计算时间和所需的计算资源会更少。

图 10.6 显示了可以设置各种选项的程序用户界面。

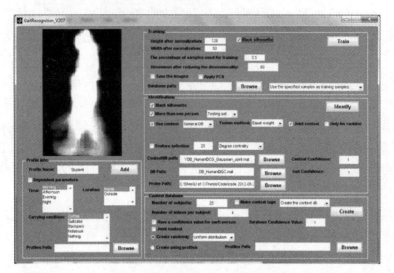

图 10.6 步态识别程序的图形用户界面

10.8 本章小结

为了提高系统的安全性,本章提出了一种独创性的构想,即在多模态生物特征识别中使用社交网络和情景信息。最近获得的初步研究结果显示,这是多生物特征识别研究的一个新阶段。对于所提方法的可能应用来说,因为这种方法不会降低系统性能,而且计算代价小,所以它能够在任何可以使用步态识别系统的场合使用。但是,由于性能提高的程度,取决于受试者行为模式的差异性和可预测性,因此这种方法最适用于具有一些预定义的行为习惯且可预测的环境。以特定环境的行为模式为基础,为每一个环境微调系统,寻找最合适的参数,可以获得更好的系统性能。

参 考 文 献

Bashir K, Xiang T, Gong S. (2009). Gait recognition using gait entropy image. In Proceedings of the 2009 IEEE International Conference on Crime Detection and Prevention. IEEE.

Bazazian S, Gavrilova M. (2012). Context based gait recognition. In Proceedings of SPIE. SPIE.

Bobick A F, Davis J W. (2001). The recognition of human movement using temporal templates. IEEE Transactions on Pattern Analysis and Machine Intelligence, 23(3), 257 – 267. doi:10. 1109/34. 910878.

Boulgouris N V, Chi Z X. (2007). Gait recognition using radon transform and linear discriminant analysis. IEEE Transactions on Image Processing, 16(3), 731 – 740. doi:10. 1109/TIP. 2007. 891157 PMID:17357733.

Chen C, Liang J, Zhao H. (2009). Frame difference energy image for gait recognition with incomplete silhouettes. Pattern Recognition Letters, 30, 977 – 984. doi:10. 1016/j. patrec. 2009. 04. 012.

Chen S, Huang W, Guo Q, Dong L. (2010). Wavelet moments for gait recognition represented by motion templates. In Proceedings of International Conference on Fuzzy Systems and Knowledge Discovery, (pp. 620 – 624). IEEE.

Cuntoor N, Kale A, Chellappa R. (2003). Combining multiple evidences for gait recognition. In Proceedings of the 2003 International Conference on Multimedia and Expo, (pp. 113 – 116). IEEE Computer Society.

Cutting J K, Kozlowski L K. (1977). Recognizing friends by their walk: gait perception without familiarity cues. Bulletin of the Psychonomic Society, 9(5), 353 – 356.

Freeman L C. (1979). Centrality in social networks: conceptual clarification. Social Networks, 1, 215 – 239. doi: 10. 1016/0378 – 8733(78)90021 – 7.

Han J, Bhanu B. (2006). Individual recognition using gait energy image. IEEE Transactions on Pattern Analysis and Machine Intelligence, 28(2), 316 – 322. doi:10. 1109/TPAMI. 2006. 38 PMID:16468626.

Johansson G. (1973). Visual perception of biological motion and a model for its analysis. Perception & Psychophysics, 14(2), 201 – 211. doi:10. 3758/BF03212378.

Koschutzki D, Lehmann K A, Peeters L, Richter S, Tenfelde – Podehl D, Zlotowski O. (2005). Centrality indices. In Proceedings of Network Analysis, (pp. 16 – 61). Berlin, Germany: Springer.

Lam T H W, Lee R S T. (2006). A new representation for human gait recognition: motion silhouettes image (MSI). In Proceedings of the International Conference on Biometrics, (pp. 612 – 618). IEEE.

Liu J, Zheng N. (2007). Gait history image: a novel temporal template for gait recognition. In Proceedings of the 2007 IEEE International Conference on Multimedia and Expo, (pp. 663 – 666). Beijing, China: IEEE.

Liu Z, Sarkar S. (2004). Simplest representation yet for gait recognition: averaged silhouette. In Proceedings of the 17th International Conference on Pattern Recognition, (pp. 211 – 214). IEEE.

Luo Y, Gavrilova M L, Wang P S P. (2008). Facial metamorphosis using geometrical methods for biometric applications. International Journal of Pattern Recognition and Artificial Intelligence, 22 (3), 555 – 584. doi: 10. 1142/S0218001408006399.

Ma Q, Wang S, Nie D, Qiu J. (2007). Recognizing humans based on gait moment image. In Proceedings of the Eighth ACIS International Conference on Software Engineering, Artificial Intelligence, Networking, and Parallel/Distributed Computing, (pp. 606 – 610). IEEE Computer Society.

Martín – Félez R, Mollineda R A, Sánchez J S. (2011). Human recognition based on gait poses. Lecture Notes in Computer Science, 6669, 347 – 354. doi:10. 1007/978 – 3 – 642 – 21257 – 4_43.

Mishra P, Erza S. (2010). Human gait recognition using Bezier curves. International Journal on Computer Science and Engineering, 3(2), 969 – 975.

Moreno J L. (1934). Who shall survive? Washington, DC: Nervous and Mental Disease Publishing Company.

Moustakas K T, Stavropoulos D G. (2010). Gait recognition using geometric features and soft biometrics. IEEE Signal Processing Letters, 17(4), 367 – 370. doi:10. 1109/LSP. 2010. 2040927.

Sarkar S, Phillips P J, Liu Z, Vega I R, Grother P, Bowyer K W. (2005). The HumanID gait challenge problem: data sets, performance, and analysis. IEEE Transactions on Pattern Analysis and Machine Intelligence, 27(2), 162 –

177. doi:10. 1109/TPAMI. 2005. 39 PMID:15688555.

Sharma S,Tiwari R,Shukla A,Singh V. (2011). Frontal view gait based recognition using PCA. In Proceedings of the International Conference on Advances in Computing and Artificial Intelligence,(pp. 124 – 127). ACM.

Veres G V,Gordon L,Carter J N,Nixon M S. (2004). What image information is important in silhouette – based gait recognition? In Proceedings of the 2004 IEEE Conference on Computer Vision and Pattern Recognition, (pp. 776 – 782). IEEE.

Wang C,Zhang J,Pu J,Yuan X,Wang L. (2010). Chrono – gait image:a novel temporal template for gait recognition. In Proceedings of 11th European Conference on Computer Vision,(pp. 257 – 270). Springer.

Wang C – H. (2005). A literature survey on human gait recognition techniques. Directed Studies EE8601. Toronto, Canada:Ryerson University.

Wang J,She M,Nahavandi S,Kouzani A. (2010). A review of vision – based gait recognition methods for human identification. In Proceedings of the 2010 Digital Image Computing:Techniques and Application,(pp. 320 – 327). Piscataway,NJ:IEEE.

Xu S – L,Zhang Q – J. (2010). Gait recognition using fuzzy principal component analysis. In Proceedings of the Second IEEE International Conference on e – Business and Information System Security. IEEE.

Yang X,Zhou Y,Zhang T,Shu G,Yang J. (2008). Gait recognition based on dynamic region analysis. Signal Processing,88(9),2350 – 2356. doi:10. 1016/j. sigpro. 2008. 03. 006.

Yoo J – H,Nixon M. (2011). Automated markerless analysis of human gait motion for recognition and classification. ETRI Journal,33(2),259 – 266. doi:10. 4218/etrij. 11. 1510. 0068.

第 11 章
结　　论

本章将总结本书在信息安全和生物特征识别研究领域的贡献,指出这个充满活力的研究领域的未来发展方向。

11.1　全书总结

本书首次把安全、生物特征识别和计算智能的概念联系起来,展示出它们彼此关联的复杂程度。首先,回顾了计算智能的历史,把它与当前安全研究联系起来。接下来,综述了生物特征识别系统的功能和性能问题,以及所面临的挑战。以单一生物特征识别的已知问题为基础,提出了多模态生物特征识别系统的概念。很多文献已经研究了多模态生物特征识别系统的利与弊,以及各种开发问题。本书对这些问题做了进一步的讨论和说明。

在多种融合方法中,讨论了如传感器级融合和特征级融合的匹配前融合方法。接下来,介绍了开发人员常用的匹配分数级融合方法,讨论了在许多商品化的生物特征识别系统中使用的决策级融合方法。然后,把重点转移到排序级融合方法,提出了基于模糊逻辑和马尔可夫链方法的新的排序融合方法,并对排序级融合中的最高序号法、波达计数法和逻辑回归法进行了比较。

提出并进一步讨论了实用的多模态生物特征识别系统的实现与实验结果。对于不同的场景,除了更高的准确度之外,计算并分析了在苛求实时性的安全系统中至关重要的注册与响应时间。

接下来,提出了基于计算智能范式的新的替代方法。这些方法包括混沌神经网络和用于多生物特征识别系统设计的降维概念,用于智能软件安全系统的机器人生物特征识别和化身识别,软生物特征应用的概念,以及用于提高多模态生物特征识别系统性能的社交网络和社会趋势。

11.2　结论

现在的世界比以前更复杂,也可以说比以前更不安全。为了增加安全性,政府和社会团体承受了巨大的压力,不断地给这个领域的研究与开发增加投资。但同时,安全漏洞变得更频繁、代价更大且更严重,对个人生活、大型企业、股票市场甚至国家政治机构等各个领域都会产生潜在的负面影响。

多模态生物特征识别系统,作为一种明显优于单模态生物特征识别系统的解决方案而出现,具有诸多优点,例如识别性能更高且更可靠,注册问题更少,最终系统适用于苛求安全性的应用场合。多模态生物特征识别系统的设计,是一项具有挑战性的任务,这是因为在信息类型、信息内容的数量、不同信息源之间的相关性、实际应用中相互矛盾的性能要求等方面,生物特征源具有异质性。

研究人员仍然在试图寻找生物特征与各种融合方法的完美组合,借此获得最优的识别性能。最近的研究结果表明,使用模糊融合方法和软生物特征信息开发的多模态生物特征识别系统,是实现这个目的的强有力的工具。基于马尔可夫链的排序融合是一种新的排序融合方法,它满足对任何公平合理的排序融合过程至关重要的孔多塞标准,可以大幅度地提高性能,甚至对低质量的数据也是如此。它可以极大地提高任何一个多模态生物特征识别系统的响应速度和识别性能。

此外,使用神经网络和社交特征,能够提高系统的可靠性与识别率。这种具有形式化拓扑邻域关系的智能方法与严谨的接近性数学度量的结合,可能会产生具有高度可靠性的系统。

11.3   未来研究方向

在生物特征识别领域中,尽管已经取得了大量的研究成果,但是仍然给未来的研究留下了许多有趣的问题。本章分析讨论了其中的一些问题,并在下文中总结了一些关键的论点。

对于开发可靠且高效的安全应用来说,真实的多模态数据库是非常有用的。相同条件下的真实的多模态数据库,可以用于进一步的性能分析。在大多数情况下,基于生物特征识别的安全系统需要在实时模式下运行。为了达到这个目的,需要能够用于实时数据采集和外围通信的适当设备。在实时设置中,需要特别关注自动采集软生物特征信息。

实现两级或三级(不同的系统级使用不同的融合方法)融合方案,可以使系统运行得更快,并且能够显著降低错误率。模糊多模态系统的规则越高级,系统性能就越好。多生物特征识别与社交特征相结合,是前景良好的新的研究方向。

面对复杂的生物特征,有很多机会去研究更多的智能计算方法,包括聚类、降维、神经网络、进化智能、模式匹配和其他的学习方法。在为系统开发而创造新机遇的同时,如果以研究性原则为基础,迈向分布式系统,那么开发者将会进一步受益。

在基于情景的社交网络分析中,能够成功且唯一地以独特的方式给个体行为建模的有效方案,仍然难以获得。把时间和资源投入到这个具有挑战性的问题中,似乎是一个明智的做法。

在现代社会中,从各种来源(人口数据、财务评级、网页浏览历史、俱乐部会籍、频繁买家程序、社交网络和专业网络)收集的有关个人或企业的数据,呈现指数级增长的趋势。这要求在立法和学术两个方面,更加关注个人的隐私与安全的权利。像加密与数据保护协议相结合、生物特征模板保护或生物特征可删除性这样的领域,将会成为未来的研究领域。

把生物特征识别原理应用于人工实体,已经成为一个具有它自己独有的一系列问题和特殊挑战的新领域。最后,生物特征识别在其他领域,如网络安全、游戏、虚拟世界、智能软件系统和机器人领域的新应用,给未来的科学研究与探索提供了丰富且令人兴奋的研究方向。

缩写词表

AI：人工智能

ANN：人工神经网络

ASM：主动形状模型

ATT：自动图灵测试

BSP：广播调度问题

BTLab：生物特征识别技术实验室

CAPTCHA：全自动开放式人机区分图灵测试

CI：计算智能

CMC：累积匹配特性

CNN：混沌神经网络

CSA：混沌模拟退火

CT：计算机断层扫描

DNA：脱氧核糖核酸

DT：Delaunay 三角剖分

EER：相等错误率

FAR：错误接受率

FMM：模糊隶属度分布图

FRR：错误拒绝率

FTCR：采集失败率

FTER：注册失败率

GA：遗传算法

GAR：正确接受率

GDA：广义判别分析

GEI：步态能量图像

GHI：步态历史图像

GRR：正确拒绝率

HCI：人机接口

HIP：人机交互验证

HMM：隐马尔可夫模型
HNN：Hopfield 神经网络
ICA：独立成分分析
KDDA：核直接判别分析
LDA：线性判别分析
LE：拉普拉斯本征映射
MC：马尔可夫链
MDA：多重判别分析
MHI：运动历史图像
MHP：强制性人类参与
MMP：机器维修问题
MOEO：多目标进化对象
MRI：磁共振成像
MS：多维尺度
MVU：最大方差展开
NBC：朴素贝叶斯分类器
NN：神经网络
PCA：主成分分析
PNG：可移植网络图形
PSO：粒子群优化
RBF：径向基函数
RBFNN：径向基函数神经网络
ROC：受试者工作特性
RTT：反向图灵测试
SI：群体智能
SNA：社交网络分析
SC：子空间聚类
SVM：支持向量机
TSP：旅行商问题
VD：Voronoi 图

内 容 简 介

生物特征识别与知识表达是一个崭新的研究领域,多模态生物特征识别技术能够提高安全、警戒、反恐、身份认证、刑事侦查和监控等系统的可靠性和有效性。本书介绍并深入探讨了多模态生物特征识别系统中经典和最新的融合方法,内容涵盖生物特征标识、生物特征图像处理、多模态生物特征识别系统、排序级融合、模糊融合、混沌神经网络与降维、智能软件安全系统中的机器人生物特征识别与化身识别、软生物特征识别与应用、社交生物特征识别与应用等主题。通过阅读本书,读者可以全面理解多模态生物特征识别的理论、系统组成及应用,了解该技术对模式识别、安全和图像处理领域的深刻影响,更好地掌握多模态生物特征识别技术的研究与使用方法。

本书可供模式识别、图像处理和信息融合等领域的科技人员阅读,也可作为高等学校电子信息、自动化、计算机应用等相关专业高年级本科生和研究生的教学参考用书。